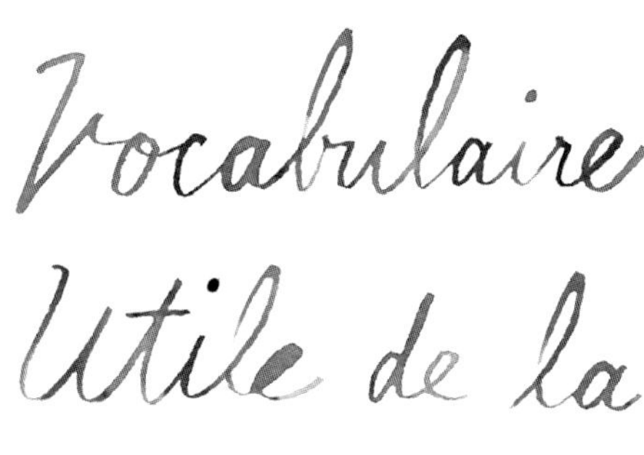

현장에서 바로 쓸 수 있는

제과 프랑스어 사전

감수 츠지제과전문학교
지은이 고사카 히로미 · 야마자키 마사야
옮긴이 박지은 | 한국어판 프랑스어 발음 감수 이정은

Pâtisserie
Française

서문

요즘은 프랑스의 내로라하는 디저트 가게들이 일본 국내에도 줄줄이 들어서고 있고, 프랑스 현지의 맛을 찾으러 비행기에 몸을 싣는 것이 그리 어려운 일이 아닙니다. 프랑스의 다양한 식재료가 유입되면서, 제과 제빵 현장에서는 이름은 물론 재료와 기구, 조작 용어까지 프랑스어를 사용하는 일이 공공연해졌기 때문에 파티시에라면 그러한 용어들을 이해할 수 있어야 합니다.

이 책에서는 바로 그 현장에서 일하는 사람들을 위해 자주 쓰이는 제과용어 약 1400여 개를 선정하여 실제로 사용되는 용어의 쓰임새를 최대한 자세히 설명하려고 노력했습니다. 하다못해 프랑스로 여행을 떠날 때나 프랑스 과자의 레시피를 해석할 때라도, 손만 뻗으면 닿을 곳에 항상 이 책을 두고 잘 활용했으면 좋겠습니다.

츠지조리전문학교에서 제과와 프랑스어 교육에 힘쓰면서 오랫동안 실용적인 제과용어집의 필요성을 통감해 왔습니다. 이 책을 만드는 데 힘써 주신 시바타쇼텐 편집부의 이노마타 사치코 씨를 비롯한 여러 관계자 분들에게 깊이 감사드립니다.

2010년 3월 어느 좋은 날

츠지시즈오 요리교육연구소

고사카 히로미

범례

1. 표제어와 분류

표제어는 프랑스어로 표기.

찾아보기 수월하도록 실제 제과공정에 맞추어 〈동작〉, 〈재료〉 등의 갈래로 나누었고, 각 갈래 안에서는 알파벳순으로 나열했다.

책 끝에 알파벳순으로 찾을 수 있는 색인 페이지와 주요 용어에 대한 한불 역색인 페이지도 함께 실었다.

2. 복수형 표기

명사의 복수형은 기본적으로 단어 끝에 **s**를 붙이고, 발음은 변화하지 않는다. 어미가 **s, x, z**인 경우는 단수와 복수의 형태가 동일하다(복수의 경우에도 단수형으로 사용된다). 예외적으로 변화할 때에만 〈복수〉라고 기재했다.

3. 번역어

같은 의미를 몇 개의 번역어로 바꾸어 말한 경우에는 〈,〉으로 구분하여 나열했고, 의미를 쉽게 파악할 수 있도록 했다.

의미가 크게 바뀌거나 자세한 설명이 필요한 경우에는 〈.〉으로 구분하거나 〈**1. 2.**〉로 번호를 붙여서 열거했다.

하지만 다른 품사로서의 번역어를 나열할 때, 사용빈도가 낮다고 생각되는 것은 (　)로 묶어서 덧붙였다.

4. 발음

표제어와 ⇒로 표시한 단어의 발음은 [　]로, 용례 밖의 발음은 〔　〕 내에 한글로 표기했다. 「→」로 표시한 용어의 발음은 생략했다.

5. 품사를 나타내는 기호

□안에 약호로 표시했다.

- 남 …남성명사
- 여 …여성명사
- 고남 …남성고유명사
- 고여 …여성고유명사
- 고 …남성명사도 여성명사도 아닌 고유명사
- 고형/명 …고유형용사, 명사(남/녀)
- 타 …타동사
- 자 …자동사
- 과분 …과거분사(자주 사용되는 중요한 것과 불규칙변화일 때만 표기)
- 형 …형용사
- 부 …부사
- 접 …접속사
- 전 …전치사
- 대명 …대명동사

6. 그 밖의 표기 등

📷 : 사진이 있는 것

※ : 번역어의 보충설명. 또는 자세히 설명한 것

* : 용례 표제어의 용례 → 발음 → 번역어순으로 표기했다.

⇒ : 파생어, 관련어(본서에 그 번역어나 해설은 없음)
→ : '~을 보라'라는 의미. 파생어, 관련어 등(본서에 표제어로 있음)
같은 장르가 아닌 경우는 「→○쪽」으로 게재된 페이지를 나타냈다.
= : 동의어
⇔ : 반의어
~ : 표제어가 설명문이나 용례로 같이 묶여져 사용되었을 때, 그 발음은 이 기호로 생략했다.
[부록] : 부록 표제어는 게재하지 않았지만 과자를 만드는 데 관련된 것을 해설했다.

분류에 대해

1. 동작

제과에서 자주 사용되는 동작용어, 즉 동사를 정리한 것.
표제어로서, 일반 프랑스어 사전과 동일하게 〈부정사〉로 나열했다. 르세트**Recettes**(과자나 요리를 만드는 방법)에서는 대부분 부정사로 쓰였다.
또한 과자 이름이나 르세트를 이해한 뒤에 필요한 과거분사도 자주 사용되는 단어나 형태가 변하여 주의가 필요한 단어를 중심으로 나타냈다(과거분사에 대해서는 〈문법을 알고 싶을 때/동사에 대해〉(8쪽)를 참조).

2. 정도와 상황

정도와 상황을 표현하는 부사를 정리한 것.

3. 형태와 상태

〈맛〉, 〈색〉, 〈형태〉, 〈크기〉, 〈상태〉, 〈그 밖의 형용〉, 〈장소〉, 〈위치〉를 표현하는 말을 분류하여 표기했다. 표제어는 형용사만이 아닌 명사, 부사도 포함한다.
이 갈래에서 주로 다루는 형용사에는 남성형, 여성형이 있다. 망설임 없이 바로 써먹을 수 있도록 남성형/여성형 순으로 발음과 함께 기재했다. 표제어나 발음이 하나인 경우에는 〈남성형, 여성형 모두 같음〉이라는 의미이다. 단어 끝에 **s**만 붙은 복수형인 경우에는 따로 표기하지 않았고, 특별한 변화를 하는 것에만 〈복〉으로 나타냈다(표제어가 남성형일 때 〈복〉이라고 표기된 경우에는 남성형의 복수를 뜻함). 또한 〈단복동형〉이라는 단어는 수에 따라서 모양이 달라지지 않는다는 것을 의미한다(이상 [문법을 알고 싶을 때, 명사에 대해/형용사에 대해](6~7쪽)를 참조).

4. 기구

〈위생(관련기구)〉, 〈틀〉, 〈틀이나 기구의 재질〉, 〈용기〉, 〈설비〉, 〈재다〉, 〈자르다〉, 〈섞다/끼우다〉, 〈거르다〉, 〈짜다/흘려보내다〉, 〈찌다/가열하다〉, 〈굽다〉, 〈늘이다/빼다/바르다〉, 〈완성하다/장식하다〉로 분류하여 소개한다.

5. 재료

〈곡류/가루〉, 〈달걀〉, 〈설탕〉, 〈과일/너트〉, 〈향초/향신료 기타〉, 〈술/음료〉, 〈유제품〉, 〈기름〉, 〈초콜릿〉, 〈조미료/첨가물〉의 분류로 소개했다.

6. 과자, 반죽과 크림, 부재료

과자명 및 반죽과 크림 등의 과자 파트 이름을 표제어로 하고 각각의 번역어를 나타냈다.

번역어의 설명에 프랑스어가 병기된 지명
과자 이름이나 기계 이름에 지명이 포함된 것은 기본적으로 「→**Bordeaux**(130쪽)」처럼 그 지명 해설을 참조할 수 있도록 했다.

7. 지명

표제어로 프랑스의 지역명은 구 지역명을 사용

과자 이름 등에는 구 지역명을 사용하는 일이 많기 때문에 현재의 어느 도시, 어느 지역에 가까운지도 나타냈다.

※ 현재의 광역행정권 = 지역권은 표제어로 나타내지 않았고, 번역어의 설명에 등장해도 프랑스어는 덧붙이지 않았다. 이에 대해서는 지도(10쪽)를 참조.

도시명은 프랑스어 병기

프랑스어와 한글 발음을 병기했다.

※ 표제어로는 나타내지 않았기 때문에 프랑스어와 발음을 덧붙였다.

지명의 형용사형

지명 설명일 때 자주 사용되는 것에만 ( )로 형용사를 나타냈다(기본적으로 번역어는 없음).

지역 과자, 특산품

관련된 대표적인 과자가 있는 지역명이나 특징적인 산물이 있는 마을에 대해서는 그 유래나 참조하면 좋을 단어를 덧붙였다.

8. 인명/점명/협회명 등

매우 대표적인 인명과 점명 등을 실었다.

프랑스어 표기는 〈성, 이름〉으로 표기

표제어의 인명은 프랑스어로 인명의 정식 표기에 준하여 〈성, 이름〉으로 표기했고, 발음의 한글 표기는 통상 〈이름, 성〉으로 했다.

예시 : **Carême, Antonin** [앙토냉 카렘]

9. 그 밖에

상기의 어느 분류에도 들어가지 않는 단어를 모았다.

문법을 알고 싶을 때

■ **명사에 대해**

1) 명사에는 남성명사와 여성명사가 있다.

프랑스어의 명사는 사람이나 동물 등, 성별이 있는 경우에는 실제 성별에 맞추지만 무생물이나 추상명사도 남녀로 나누어져 있다. 아래와 같이 어미에서 성별을 알 수 있는 명사도 있지만 기본적으로는 사전으로 확인하고 익혀 나간다.

〈어미로 알 수 있는 것〉

~**ien**, ~**er** ⇒ 남성명사

~**ienne**, ~**ère** ⇒ 여성명사

2) 명사의 복수형

사과 등 셀 수 있는 것의 명사를 복수형으로 만들려면 기본적으로 단수형의 단어 끝에 〈**s**〉를 붙이고, 발음은 변화하지 않는다(**s**를 발음하지 않는다). 어미가 **s**, **x**, **z**인 경우는 단수와 복수의 형태가 동일하다. 이 밖에 불규칙하게 변화하는 것도 있는데, 그 경우에는 복수형이라는 의미로 〈복〉이라고 기재했다.

예 : **pomme** 사과→**pommes**

pruneau 프룬→[복] pruneaux

3) 지역명, 국가명 등의 고유명사

프랑스어는 고유명사라도 단어마다 남성과 여성이 정해져 있다.
또한 각각에 형용사형(고유형용사)이 있고, 〈그 나라(지방)의, ~사람의, ~언어의〉라는 의미를 나타낸다. 형용사는 수식하는 명사의 성과 수에 일치한다.

예 : **français**(남성형) / **française**(여성형) 프랑스의, 프랑스인의, 프랑스어의
fromage français 프랑스의 치즈(**fromage**가 남성명사)
pâtisserie française 프랑스 과자(**pâtisserie**가 여성명사)

형용사의 남성형은 그 나라(지역 등)의 언어를 표현하는 남성명사로도 가능하다. 또한 어두를 대문자로 표기하면 남성형은 그 나라(지역, 마을 등)의 사람, ××인의 남성을 나타내며, 여성형은 똑같이 여성을 나타낸다. 단 〈저는 ××사람입니다.〉라는 문장에서는 소문자로 표기한다.

예 : **Je parle français.** 나는 프랑스어로 말한다.
un Français 1명의 프랑스인(남성), **une Française** 1명의 프랑스인(여성)
Je suis français. 저는 프랑스인입니다. (화자는 남성)
Je suis française. 저는 프랑스인입니다. (화자는 여성)

■ 형용사에 대해

형용사는 명사를 수식하는 말이다.

1) 위치 : 명사의 앞 또는 뒤에 붙는다.

기본적으로는 단어에 따라 명사의 앞과 뒤 어느 쪽에 위치하게 되는지 정해진다.

2) 수식하는 단어가 남성명사인지 여성명사인지 구분한다.

프랑스어의 형용사는 수식하는 명사의 성별에 맞춰서 남성형, 여성형을 구분한다. 본문에서는 각각의 형용사에 대해 남성형/여성형 순으로 발음과 함께 표기했다. 한 단어만 있는 경우에는 남성형, 여성형 모두 사용한다. 기본적으로는 남성형의 어미에 〈**e**〉를 붙여서 여성형이라고 하고, 〈**e**〉 바로 앞의 자음을 발음한다.

예 : 남성명사에는 형용사의 남성형 **citron vert**〔시트롱 베르〕 라임
여성명사에는 형용사의 여성형 **pomme verte**〔폼 베르트〕 풋사과

3) 명사가 모음이나 무음인 〈h〉로 시작하는 경우

또한 본서에 있는 형용사 중 **beau**, **mou**, **nouveau**, **vieux** 등의 남성형은 형태가 두 가지이다. 이 단어들이 남성단수형 명사 앞에 놓일 경우, 그 명사가 모음이나 무음인 〈**h**〉(150쪽 〈**h**의 발음〉 참조)로 시작한다면 제2형(**bel**, **mol**, **nouvel**, **vieil**)을 사용한다.

예 : **le nouveau frigo**〔르 누보 프리고〕 새로운 냉장고
le nouvel an〔르 누벨 앙〕 새해

4) 수식하는 명사가 단수인지 복수인지 구분한다.

형용사는 수식하는 명사가 단수라면 단수형, 복수라면 복수형에 맞춘다.
복수형은 기본적으로 단수형의 단어 끝에 〈**s**〉를 붙이고, 발음은 변화하지 않는다. 어미가 **s**, **x**, **z**인 경우는 복수여도 변화하지 않는다(본문에서는 예외적인 복수형은 〈복〉으로 기재).

예 : 복수형에 맞춘 남성명사 + 형용사의 남성형 **citrons verts**〔시트롱 베르〕
복수형에 맞춘 여성명사 + 형용사의 여성형 **pommes vertes**〔폼 베르트〕

■ **동사에 대해**

1) 과거분사의 사용법

과거분사는 과거를 표현할 때뿐만 아니라 수동의 의미를 지니며 형용사적으로 명사를 수식하기도 한다. 사전에 형용사로 실린 단어도 적지 않다.

2) 과거분사의 어미변화

대부분은 동사의 부정사(표제어가 된 형태)의 어미 형태가 아래와 같이 규칙적으로 변화하고, 수식하는 명사의 성별, 수에 어미를 일치시킨다(〈형용사에 대해〉를 참조).

• 과거분사의 규칙적인 어미변화

어미가 ~**er**이나 ~**ir**인 동사

~**er**⇒**é**, ~**ir**⇒~**i**

예 : **brûler**(불태우다)의 경우⇒어미가 -**er**이기 때문에 과거분사는 **brûlé**.
candir(결정체로 만들다)의 경우⇒어미가 -**ir**이기 때문에 과거분사는 **candi**.

어미가 -**ir**이라도 불규칙적인 형태의 과거분사가 되는 단어가 있다(**couvrir** 등). 본서에서 이러한 동사에는 [과분] · [형]으로, 과거분사와 그 여성형을 발음과 함께 표기했다.

• 여성명사에 대한 경우에는 어미에 e가 붙는다

예 : **crème**을 과거분사 **brûlé**로 수식할 때, **crème**이 여성형 단수형이기 때문에 **brûlé**에 〈**e**〉를 붙인다.

예 : **crème brûlée** 불에 탄 크림

3) 동사의 활용형은 주어의 인칭, 시제로 변화

주어가 되는 인칭과 그것이 단수인지 복수인지에 따라 동사의 형태는 바뀐다. 또한 시제(직설법 현재, 복합과거, 반과거, 미래, 명령법, 조건법, 접속법 등 자세히는 일반 문법서를 참조)에 따라서도 바뀐다.

4) 명령법

[부록] 주방에서 사용되는 명령형(동사)(149쪽) 참조.

■ **부사에 대해**

부사는 주로 동사와 형용사를 수식하는 말이다. 형태가 변하지는 않는다.
보통 수식하는 단어의 뒤에 붙지만 앞에 붙는 경우도 많다.

■ **관사에 대해**

명사에는 관사가 붙는다.
관사에는 남성형과 여성형, 단수형과 복수형이 있고, 명사의 성별과 수에 맞춰서 붙인다. 명사를 기억할 때에는 관사와 세트로 기억하는 것이 좋다.
관사에는 정관사, 부정관사, 부분관사 세 가지가 있다.

부정관사

1) un / une(욍/윈) 하나의~, 어느~

※단수명사에 붙는다. 셀 수 있는 명사가 처음 화두에 나왔을 때.

남성명사에는 ⇒ **un**

여성명사에는 ⇒ **une**

모음으로 시작하는 명사가 뒤에 올 때 남성형인 **un**은 〈리에종**liaison**〉하고, 여성형인 **une**는 〈앙셰느망**enchaînement**〉하여 이어서 발음한다. (부록 〈프랑스어 읽기〉(150쪽)을 참조).

예 : **un citron**〔윙 시트롱〕 1개의 레몬
une pomme〔윈 폼〕 1개의 사과
un abricot〔외나브리코〕 1개의 살구
une orange〔위노랑주〕 1개의 오렌지
※이하 같은 단어인 경우는 번역어 생략.

2) des〔데〕 몇 개의~
※**un**과 **une**의 복수형. 남성명사, 여성명사 구별 없이 사용한다. 뒤에 모음으로 시작되는 명사가 오면 리에종한다.
예 : **des citrons**〔데 시트롱〕
des pommes〔데 폼〕
des abricots〔데자브리코〕
des oranges〔데조랑주〕

정관사
셀 수 있는 명사가 이미 화두에 나왔는데 다시 등장했을 때 붙인다. 또한 총체적으로 '~라는 것'인 경우에도 정관사를 사용한다.

1) 단수명사에 붙인다
le / la〔르/라〕 그~, ~라는 것
남성명사에는 ⇒ **le**
여성명사에는 ⇒ **la**
모음으로 시작되는 명사에는 명사의 성에 관계없이 생략형인 ⇒ **l'**
예 : **le citron**〔르 시트롱〕
la pomme〔라 폼〕
l'abricot〔라브리코〕
l'orange〔로랑주〕

2) 복수명사에 붙인다
les〔레〕 그것들의~, ~라는 것
※**le, la, l'**의 복수형. 다음에 오는 명사가 모음으로 시작될 때는 리에종한다.
예 : **les citrons**〔레 시트롱〕
les pommes〔레 폼〕
les abricots〔레자브리코〕
les oranges〔레조랑주〕

부분관사
약간의, 어느 정도~
※셀 수 없는 명사가 처음으로 화두에 나왔을 때 붙인다(두 번째 이후에는 셀 수 없는 명사에도 정관사를 사용한다).
남성명사에는 ⇒ **du**〔뒤〕
여성명사에 붙일 경우 ⇒ **de la**〔드 라〕
모음으로 시작되는 명사 앞에 붙는 경우, 명사의 성별에 관계없이 ⇒ **de l'~**
예 : **du lait**〔뒤 레〕
de la farine〔드 라 파린〕
de l'eau〔드 로〕

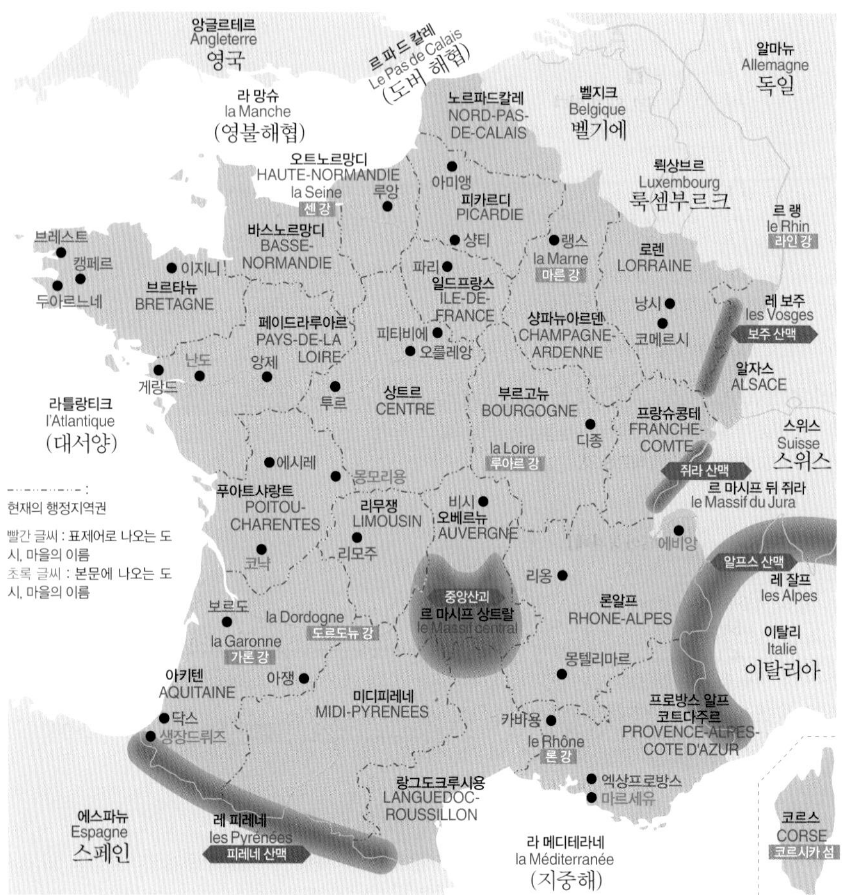
앙글르테르
Angleterre
영국
르 파 드 칼레
Le Pas de Calais
(도버 해협)
알마뉴
Allemagne
독일
라 망슈
la Manche
(영불해협)
노르파드칼레
NORD-PAS-DE-CALAIS
벨지크
Belgique
벨기에
오트노르망디
HAUTE-NORMANDIE
la Seine
센 강
루앙
아미앵
피카르디
PICARDIE
뤽상브르
Luxembourg
룩셈부르크
르 랭
le Rhin
라인 강
브레스트
캥페르
두아르느네
이지니
바스노르망디
BASSE-NORMANDIE
브르타뉴
BRETAGNE
샹티
파리
랭스
la Marne
마른 강
로렌
LORRAINE
일드프랑스
ILE-DE-FRANCE
낭시
레 보주
les Vosges
보주 산맥
페이드라루아르
PAYS-DE-LA LOIRE
피티비에
오를레앙
샹파뉴아르덴
CHAMPAGNE-ARDENNE
코메르시
난도
앙제
게랑드
투르
상트르
CENTRE
부르고뉴
BOURGOGNE
알자스
ALSACE
라틀랑티크
l'Atlantique
(대서양)
프랑슈콩테
FRANCHE-COMTE
디종
스위스
Suisse
스위스
la Loire
루아르 강
에시레
몽모리용
쥐라 산맥
르 마시프 뒤 쥐라
le Massif du Jura
현재의 행정지역권
빨간 글씨 : 표제어로 나오는 도시, 마을의 이름
초록 글씨 : 본문에 나오는 도시, 마을의 이름
푸아트샤랑트
POITOU-CHARENTES
리무쟁
LIMOUSIN
비시
오베르뉴
AUVERGNE
에비앙
코냑
리모주
알프스 산맥
레 잘프
les Alpes
리옹
중앙산괴
르 마시프 상트랄
le Massif central
보르도
la Dordogne
도르도뉴 강
론알프
RHONE-ALPES
la Garonne
가론 강
이탈리
Italie
이탈리아
몽텔리마르
아키텐
AQUITAINE
아쟁
미디피레네
MIDI-PYRENEES
프로방스 알프 코트다주르
PROVENCE-ALPES-COTE D'AZUR
닥스
생장드뤼즈
카바용
le Rhône
론 강
엑상프로방스
랑그도크루시용
LANGUEDOC-ROUSSILLON
마르세유
에스파뉴
Espagne
스페인
레 피레네
les Pyrénées
피레네 산맥
라 메디테라네
la Méditerranée
(지중해)
코르스
CORSE
코르시카 섬

동작

abaisser [아베세]

타 1. 반죽을 밀대로 얇게 밀다

※ 기계(파이롤러 **laminoir**)로 밀 때도 같은 표현을 쓴다.

* abaisser la pâte à l'aide d'un rouleau(~ 라 파트 아 레드 됭 룰로) 밀대로 반죽을 밀다 (à l'aide de~ : ~의 도움으로)

= étaler

2. 온도를 내리다

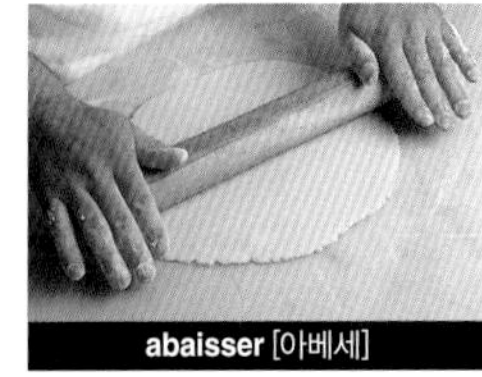

abaisser [아베세]

abricoter [아브리코테]

타 애프리콧(살구) 잼을 바르다

※ 구운 과자, 타르트 등의 마지막 단계에서 윤을 내거나 건조되는 것을 막기 위해 애프리콧 잼에 물을 넣어 다시 끓인 것을 바르는 것.

= lustrer

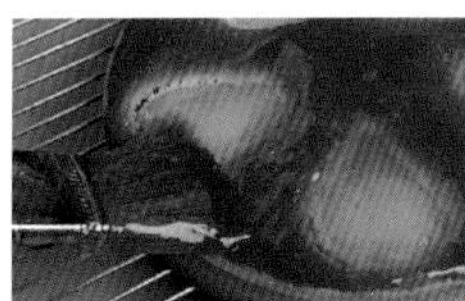

abricoter [아브리코테]

accompagner [아콩파녜]

타 곁들이다, 첨가하다

* accompagner cette tarte d'un coulis de fraise(s)(~ 세트 타르트 됭 쿨리 드 프레즈) 이 타르트에 딸기로 만든 쿨리를 첨가한다.

→ coulis(104쪽)

arroser [아로제]

ajouter [아주테]

타 더하다, 넣다

※ ajouter A à B : A를 B에 더하다.

* ajouter le chocolat à la sauce(~ 르 쇼콜라 아 라 소스) 초콜릿을 소스에 넣다.

* ajouter peu à peu(~ 푀 아 푀) 조금씩 더하다.

aplatir [아플라티르]

타 (반죽 등을) 평평하게 하다

aromatiser [아로마티제]

타 향을 내다

* aromatiser la crème avec de la liqueur(~ 라 크렘 아베크 드 라 리쾨르) 크림에 리큐어로 향을 내다.

= parfumer

arroser [아로제]

타 액체(술, 시럽 등)를 뿌리다, 끼얹다

※ **arroser A de B** : B를 A에 뿌린다.

* démouler le baba et l'arroser de sirop(데물레르 바바 에 라로제 드 시로) 발효 케이크인 럼 바바를 틀에서 꺼내고 그 위에 시럽을 뿌린다.

beurrer [뵈레]

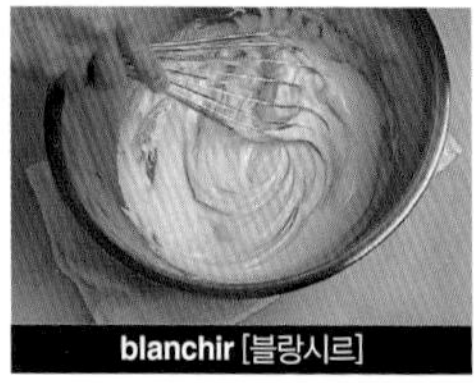
blanchir [블랑시르]

bouillir [부이르]

assaisonner [아세조네]

타 조미하다

→ **assaisonnement**(94쪽)

assortir [아소르티르]

타 (과분 · 형 **assorti** / **assortie**[아소르티]) 모아 놓다, 배합하다

* bonbons assrotis(봉봉 ~) 사탕 모음

badigeonner [바디조네]

타 바르다

※ 과자나 빵을 구웠을 때 마지막 단계에서 시럽이나 녹인 버터를 솔로 바르는 것.

battre [바트르]

타 (과분 · 형 **battu** / **battue**[바튀]) 휘젓다

※ 일반적으로는 '두드리다, 치다'라는 의미로, 세게 뒤섞거나 거품기로 휘저어서 공기를 포함시키는 것을 말한다.

* battre les blancs d'œufs en neige(~ 레 블랑 되 앙 네주) 달걀흰자를 눈처럼 부드럽게 거품 내다(머랭을 만든다).

beurrer [뵈레]

타 1. (틀이나 철판에 솔, 또는 손가락으로) 버터를 바르다

2. 버터를 넣다

3. (패스추리 반죽을 만들 때) 데트랑프로 유지를 감싸다

→ **détrempe**(107쪽)

blanchir [블랑시르]

타 1. 달걀노른자에 설탕을 넣어 색이 하얗게 될 때까지 섞는다

2. 삶다, 데치다

* blanchir le zeste de citron(~ 르 제스트 드 시트롱) 레몬 껍질을 데치다.

자 희어지다

bouillir [부이르]

타 액체를 끓이다

자 끓다

* faire bouillir l'eau avec sel(페르 ~ 로 아베크 셀) 소금을 넣은 물을 끓이다.

→ **ébullition**(44쪽), **bouillant**(43쪽)

bouler [불레]

타 둥글게 하다, 공처럼 만들다

broyer [브루아예]

타 잘게 부수다, 으깨다

→ **broyeuse**(56쪽)

brûler [브륄레]

타 (인두나 버너로 과자의 표면을) 태우다
자 타다
* crème brûlée(크렘 브륄레) 크렘 브륄레.
* Le feuilletage brûle dans le four(르 푀이타주 브륄 당 르 푸르) 오븐 안에서 푀이타주가 타고 있다.
※ **brûle**는 **brûler**의 직설법 현재/3인칭 단수형.

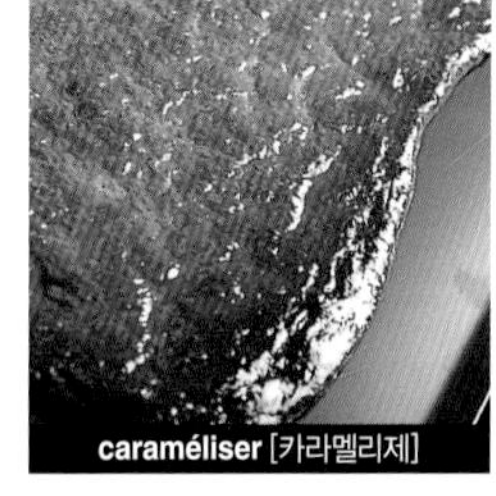
caraméliser [카라멜리제]

chemiser [슈미제]

chiqueter [시크테]

candir [캉디르]

타 결정체로 만들다
※ 봉봉**bonbon** 등을 고농도/과포화 시럽에 넣고 금방 꺼내서 표면에 묻은 시럽을 다시 결정으로 만드는 것. 표면이 자잘한 설탕 결정으로 덮인 형태가 완성된다.
* candir les pâtes de fruits par trempage dans un sirop(~ 레 파트 드 프뤼 파르 트랑파주 당 죙 시로) 과일 젤리를 시럽에 담가서 표면에 설탕을 결정체로 만들다.
→ **candi**(44쪽), **fruits déguisé**(110쪽)

canneler [카늘레]

타 (레몬 등의 표면을 깎아서) 홈을 파다
→ **cannelé**

caraméliser [카라멜리제]

타 1. 설탕을 태워서 캐러멜을 만든다. 마무리에 설탕을 뿌려서 표면을 태우고, 캐러멜 상태로 만든다.
2. (푸딩 형태 등에) 캐러멜을 바르다. 캐러멜을 섞다.
→ **caramel**(44쪽)

casser [카세]

타 깨다, 꺾다, 부수다
→ 부록 설탕을 졸인 상태(온도)에 따라서 변화하는 상태의 명칭(148쪽)

chauffer [쇼페]

타 가열하다, 데우다
자 뜨거워지다, 데워지다
* faire chauffer la friture(페르 ~ 라 프리튀르) 튀김 기름을 데우다.

chemiser [슈미제]

타 제누와즈**genoise** 등을 틀에 깔아 넣다. 틀 안쪽에 젤리, 초콜릿 등을 사용하여 막과 층을 만들다.
* chemiser le moule(~ 르 물) 틀에 슈미제를 한다. (역주 – 음식물이 눌어붙지 않도록 틀이나 오븐 팬에 버터를 얇게 바른 다음 밀가루를 뿌리는 것. 또는 유산지와 알루미늄 포일을 까는 것, 틀 안쪽에 시트나 비스킷을 붙이는 것을 말하기도 한다.)

chiqueter [시크테]

타 패스추리 반죽을 겹쳐서 구울 때, 칼끝을 사용하여 겹쳐진 반죽의 가장자리에 동일한 간격으로 비스듬히 칼집을 내다.
※ 반죽이 부풀어 오르는 것을 균일하게 하기 위한 작업.

ciseler [시즐레]

타 1. 잘게 썰다
→ **hacher**
2. 잘게 저미다
3. 칼집을 내다

citronner [시트로네]

타 변색을 막기 위해 과일 표면에 레몬 껍질을 문질러 넣다, 레몬즙을 뿌리다, 레몬즙을 섞다.

clarifier [클라리피에]

타 1. 달걀을 흰자와 노른자로 나누다
* clarifier des œufs(~ 데 죄) 달걀을 흰자와 노른자로 나누다.
2. 맑게 하다
* le beurre clarifié(르 뵈르 클라리피에) 정제 버터.

coller [콜레]

타 1. 젤라틴을 섞다
* crème anglaise collée(크렘 앙글레즈 콜레) 젤라틴을 섞은 크렘 앙글레즈.
2. 접착하다
⇔ **décoller** [데콜레] 타 떼어내다

colorer [콜로레]

타 1. 색을 입히다
* colorer la pâte d'amandes avec des colorants alimentaires(~ 라 파트 다망드 아베크 데 콜로랑 알리망테르) 마지팬marzipan에 식용색소로 색을 입히다.
→ **colorant**(94쪽), **alimentaire**(43쪽)
2. 노릇하게 굽다

concasser [콩카세]

타 굵게 다지다, 빻다
* concasser les amandes(~ 레 자망드) 아몬드를 너무 잘지 않게 썰다.
→ **amandes concassées**(78쪽)

concentrer [콩상트레]

타 농축하다

confectionner [콩펙시오네]

타 만들다, 조리하다

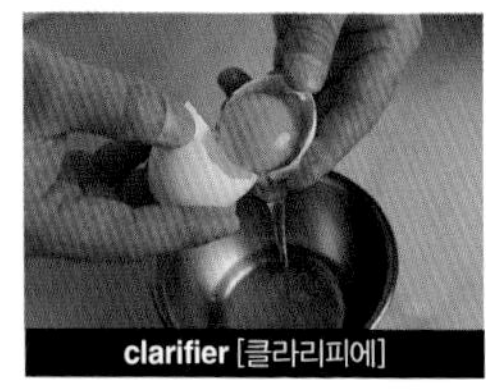
clarifier [클라리피에]

colorer [콜로레]

concasser [콩카세]

confire [콩피르]

타 (과분 **confit** [콩피] / **confite** [콩피트]) 절이다, 콩피**confit**를 만들다
※ 보존하기 위해 과일을 설탕, 술 등에 절이는 것.
→ **fruit confit**(110쪽), **confit**(104쪽)

congeler [콩줄레]

타 냉동하다, 얼리다
→ **congélateur**(56쪽)

conserver [콩세르베]

타 보존하다
→ **conservation**, **conserve**(이상 140쪽)

corner[코르네]

타 스크레이퍼로 볼이나 작업대에 붙은 반죽을 깨끗이 긁어모으다

= racler

→ corne(64쪽)

coucher[쿠셰]

타 반죽이나 크림을 짜내다

※ 짤 주머니를 45도 정도로 기울여서 길쭉한 모양으로 짜는 것.

→ dresser

couler[쿨레]

타 부어 넣다, 틀에 붓다

* sucre coulé(쉬크르 쿨레) 틀에 부어서 굳힌 사탕, 부어서 만든 사탕.

자 흐르다

couper[쿠페]

타 자르다

* couper en deux(~ 앙 되) 반으로 자르다.

couvrir[쿠브리르]

디 (과분 couvert[쿠베르] / couverte[쿠베르트]) 덮다, 뚜껑을 씌우다

⇔ découvrir

crémer[크레메]

타 1. 크림 상태로 만들다

※ 버터를 상온에서 부드럽게 풀어주고, 설탕을 넣어 한데 섞은 다음 매끈한 상태로 만드는 것.

2. 생크림을 넣다

croquer[크로케]

타 소리를 내며 씹어 먹다

* le chocolat à croquer(르 쇼콜라 아 ~) (과자로서의) 판 초콜릿.

→ croquant(44쪽, 106쪽)

cuire[퀴르]

타 (과분·형 cuit[퀴] / cuite[퀴트]) 익히다(굽다, 조리다, 찌다, 삶다)

* cuire au four(~ 오 푸르) 오븐에서 굽다. sucre cuit(쉬크르 퀴) 바짝 졸인 당액, 시럽.

⇒ cuisson(퀴송) 여 1. 불에 익히는 것, 가열 조리 2. 졸인 국물, 삶은 국물

cuire à blanc[퀴르 아 블랑]

타 아무것도 넣지 않고 미리 굽다

※ 파이나 타르트를 만들 때, 틀에 반죽을 깔아 넣고 다른 부재료를 채우지 않은 상태에서 미리 반죽만 굽는 것.

coucher [쿠셰]

couler [쿨레]

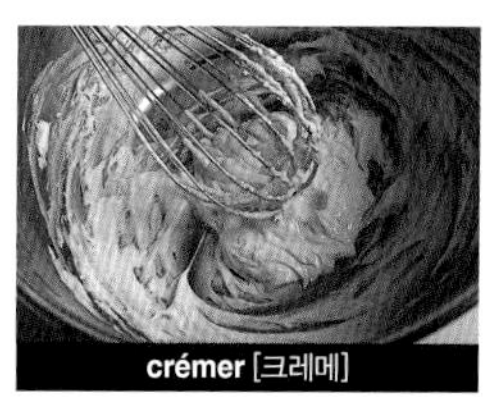

crémer [크레메]

cuire à blanc [퀴르 아 블랑]

D

débarrasser [데바라세]

타 치우다, 다른 그릇이나 장소로 옮기다

décanter [데캉테]

타 (정제 버터를 만들 때) 위에 떠 있는 맑은 부분을 다른 그릇에 옮겨 담는다. (와인을) 데캉테하다.

décongeler [데콩줄레]

타 해동하다

⇔ congeler

décorer [데코레]

타 꾸미다, 장식하다

* décorer le bavarois avec de la crème chantilly(~ 르 바바루아 아베크 드 라 크렘 샹티이) 바바루아를 크렘 샹티이로 장식하다.

⇒ **décoration** [데코라시옹] 여 장식, 장식하는 것

⇒ **décor** [데코르] 남 장식

décortiquer [데코르티케]

타 (너트 류의) 껍질을 벗기다.

* décortiquer les pistaches(~ 레 피스타슈) 피스타치오의 껍질을 벗기다.

découper [데쿠페]

타 1. 잘라서 나누다

※ 일정한 크기, 형태로 분할하는 것.

* découper la génoise en deux horizontalement(~ 라 제누아즈 앙 되 조리종탈망) 제누와즈(구운 것)를 수평으로 2장으로 자르다.

= **détailler**

2. (모양틀로) 찍어내다

découvrir [데쿠브리르]

타 (과분 **découvert** [데쿠베르] / **découverte** [데쿠베르트]) 뚜껑을 열다

⇔ **couvrir**

décuire [데퀴르]

타 (과분 **décuit** [데 퀴] / **décuite** [데 퀴 트]) (물을 넣어서) 온도를 낮추다

découper [데쿠페]

démouler [데물레]

※ 캐러멜 등 설탕을 졸일 때나 잼을 만드는 경우 등에, 남은 열로 너무 바짝 졸아들지 않도록 만들고, 졸아붙은 농도를 부드럽게 하기 위해 찬물이나 미지근한 물을 넣어서 묽게 만드는 것.

délayer [델레예]

타 녹이다, 옅게 만들다

※ 분말을 액체로 분산시키는 것, 또 퓨레 등 농도가 있는 것에 물을 넣어 옅게 만드는 것.

* délayer le café soluble dans une cuillère à soupe d'eau(~ 르 카페 솔뤼블 당 쥔 퀴예르 아 수프 도) 인스턴트커피를 물 1큰술에 녹인다.

= **allonger** [알롱제], **diluer**, **détendre** [데탕드르], **étendre 2.**

démouler [데물레]

타 틀에서 꺼내다

⇔ **mouler**

→ **moule** (50쪽)

dénoyauter[데누아요테]

타 (식물, 과일의) 씨를 빼다

→ **noyau**(84쪽)

dessécher[데세셰]

타 건조시키다, 남은 물기를 말리다

détailler[데타예]

타 나눠 자르다

= **découper**

détremper[데트랑페]

타 한데 섞다, 녹이다

※ 특히, 가루 성분과 수분을 확실히 혼합하는 것.

→ **détrempe**(107쪽)

diluer[딜뤼에]

타 녹이다, 묽게 하다

= **délayer**

dissoudre[디수드르]

(과분 **dissous**[디수] / **dissoute**[디수트])

타 (개체를 액체에) 녹이다

자 녹다

* faire dissoudre la gélatine(페르 ~ 라 젤라틴) 젤라틴을 녹이다.

= **fondre**

diviser[디비제]

타 나누다, 분할하다

* diviser la pâte en deux(~ 라 파트 앙 되) 반죽을 2개로 나누다

dorer[도레]

타 1. 구웠을 때 광택이 나도록 하기 위해, 반죽에 달걀 등을 바르다

2. 노릇하게 굽다, 구워서 예쁜 색을 내다

→ **dorure**(107쪽)

dresser[드레세]

타 1. 음식을 보기 좋게 담다

2. 반죽이나 크림을 짜내다

※ 짤주머니를 세워서 한 점에 집중해 둥글게 원형으로 짜는 것.

dessécher[데세셰]

détailler [데타예]

dorer [도레]

dresser [드레세]

* dresser en dôme(~ 앙 돔) 돔 모양으로 짜다.

→ **coucher**

동작

Ⓔ

ébarber [에바르베]
타 여분의 반죽을 잘라내다

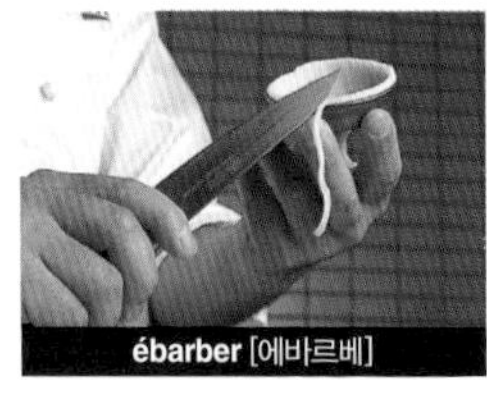
ébarber [에바르베]

échauffer [에쇼페]
타 데우다
= chauffer

écraser [에크라제]
타 (넛트를) 잘게 부수다

écumer [에퀴메]
타 거품을 걷어내다
→ écumoire(68쪽)

écumer [에퀴메]

effiler [에필레]
타 얇게 썰다, 끝을 가늘게 만들다
→ amandes effilées(78쪽)

égoutter [에구테]
타 물, 시럽 등의 수분기를 빼다

égoutter [에구테]

emballer [앙발레]
타 포장하다
⇒ emballage[앙발라주] 남 포장, 랩핑

émincer [에맹세]
타 얇게 썰다

émincer [에맹세]

émonder [에몽데]
타 온수에 담가서 껍질을 벗기다
* émonder la pêche à l'eau bouillante(~ 라 페슈 아 로 부양트) 복숭아를 뜨거운 물에 담갔다가 껍질을 벗기다.
* amandes émondées(아망드 에몽데) 껍질이 없는 아몬드.
= monder

employer [앙플루아예]
타 사용하다
* On doit employer un sucre très pur(옹 두아 ~ 욍 쉬크르 트레 퓌르) 순도가 높은 설탕을 사용해야만 한다.
대명 s'employer 사용되다, 고용되다

émulsionner[에뮐쇼네] 📷

[타] 유화시키다

※ 수분과 유지분이 분리되지 않고 섞여 있는 상태로 만드는 것. 버터 반죽을 비롯하여 슈 등 다양한 반죽과 가나슈는 재료가 유화한 상태이다.

* bien émulsionner les œufs, le sucre et le beurre(비앵 ~ 레 죄 르 쉬크르 에 르 뵈르) 달걀, 설탕, 버터를 잘 유화시키다.

= **émulsifier**[에뮐시피에]

→ **émulsifiant**(95쪽)

enfourner[앙푸르네]

[타] 오븐에 넣다

enlever[앙르베]

[타] 제거하다

* enlever la pulpe sans abîmer la coque(~ 라 퓔프 상 자비메 라 코크) 껍질이 찢어지지 않도록 과육을 제거하다(abîmer [타] 상하게 하다).

→ **coque 2.**(104쪽)

enrober[앙로베] 📷

[타] (반죽이나 크림의 주변을) 초콜릿 등으로 코팅하다, 마지팬 등으로 감싸다

* enrober les boules de ganache de couverture(~ 레 불 드 가나슈 드 쿠베르튀르) 둥근 가나슈를 커버추어로 코팅하다.

envelopper[앙블로페]

[타] 감싸다, 덮다

* replier la pâte pour envelopper le beurre(르플리에 라 파트 푸르 ~ 르 뵈르) 반죽을 반대로 접어서 버터를 감싸다.

⇒ **enveloppe**[앙블로프] [여] 봉투, 커버

épaissir[에페시르]

[타] 농도를 진하게 하다

※ 크림이나 소스를 콘스타치, 버터 등으로 걸쭉하게 만드는 것.

* un élément épaississant(외 넬레망 에페시상) 점성이 있는 재료.

⇒ **épaississant**[에페시상] [형] 농도를 높이다

= **lier**

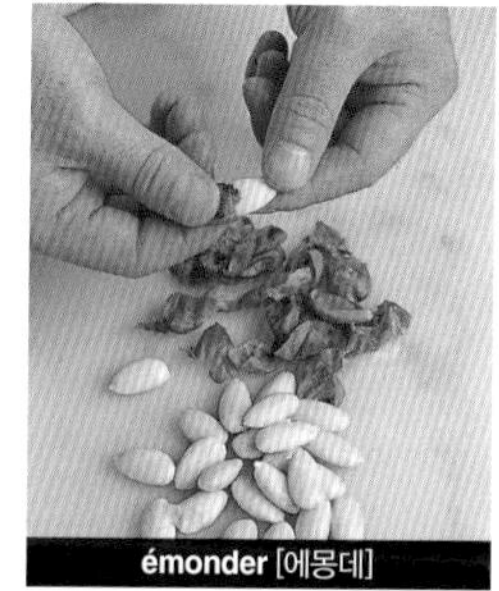

émonder [에몽데]

émulsionner [에뮐쇼네]

enrober [앙로베]

éplucher [에플뤼셰]

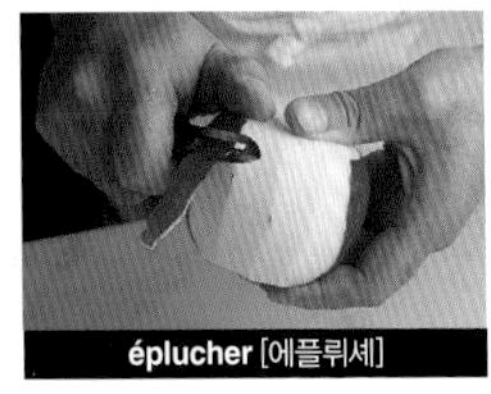
éplucher [에플뤼셰]

타 껍질을 벗기다

éponger [에퐁제]

타 (나무 등을) 흡수하다, 닦다, 닦아내다, (솔 등으로) 훔치다

→ éponge(49쪽)

essuyer [에쉬예]

타 물기를 닦아내다, 훔치다

* essuyer les bords du plat(~ 레 보르 뒤 플라) 접시의 귀퉁이를 깨끗하게 닦다.

étaler [에탈레]

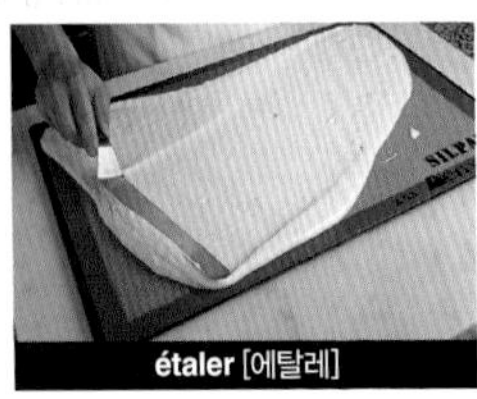
étaler [에탈레]

타 밀대로 반죽을 얇게 밀다, 팔레트로 펴다

= abaisser

étendre [에탕드르]

타 (과분 étendu / étundue [에탕뒤])

1. 넓히다, 얇게 펴다

= étaler

2. 연하게 하다

= délayer

étirer [에티레]

타 당기다

※ 가열한 사탕용 당액sucre cuit을 팽팽히 당겨서 겹겹이 접는 작업을 반복하여 광택을 내는 것.

= tirer

étuver [에튀베]

타 1. 건조기étuve에 넣다

2. (소량의 유지방과 액체를 넣고, 주로 재료에서 나온 수분으로) 찌다

→ étuve(57쪽)

évider [에비데]

타 과육을 도려내어 씨와 심을 기구vide-pomme로 빼내다

= vider

→ vide-pomme(72쪽)

façonner [파소네]

타 성형하다, 형태를 만들다

= former [포르메]

faire [페르]

타 (과분 · 형 fait [페] / faite [페트])

1. 만들다

* faire une fontaine dans la farine(~ 윈 퐁텐 당 라 파린) 밀가루를 물에 개다(직역하면, 밀가루 안에 샘을 만들다).

2. 행하다, 하다

3. faire + 동사(부정사) ~시키다

farcir [파르시르]

타 채우다, 속을 채우는 요리를 하다

→ farce(108쪽)

fariner [파리네] 📷

타 1. 반죽이 들러붙지 않도록 가루를 뿌리다
2. 밀가루를 묻히다, 뿌리다

* beurrer et fariner les moules(뵈레 에 ~ 레 물) 틀에 버터를 바르고 밀가루를 묻히다.

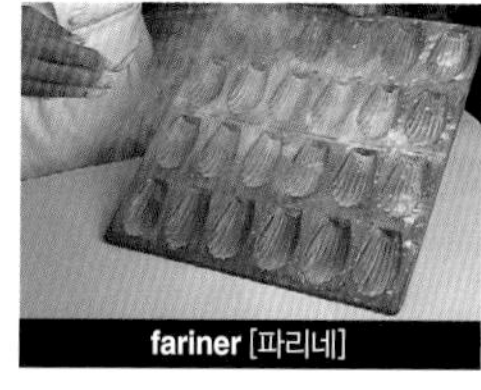
fariner [파리네]

fendre [팡드르] 📷

타 (과분 fendu / fendue[팡뒤]) (세로로) 쪼개다

* fendre la gousse de vanille en deux(~ 라 구스 드 바니유 앙 되) 바닐라 껍질을 둘로 쪼개다.

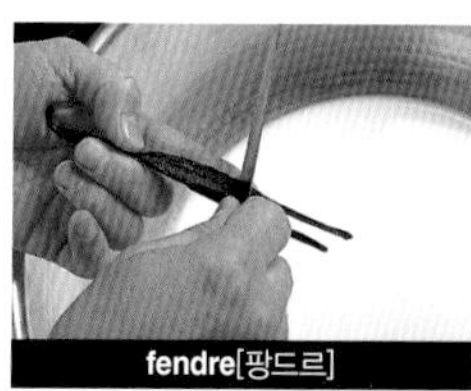
fendre[팡드르]

fermenter [페르망테]

자 발효하다

※ 발효시키는 경우에는, **faire fermenter**, **laisser fermenter**의 형태로 쓰인다.

* faire fermenter la pâte(페르 ~ 라 파트) 반죽을 발효시키다.

= **lever**

⇒ **fermentation**[페르망타시옹] 여 발효

flamber [플랑베]

finir [피니르]

타 끝내다, 완성하다

자 끝나다

→ **finition**(141쪽)

flamber [플랑베] 📷

타 술의 알코올 성분을 태워서 그슬리다

※ 알코올 도수가 높은 술로 향을 낼 때에, 냄비에 불을 넣고 알코올 성분을 날리는 것. 크레프 쉬제트**crêpe Suzette** 등과 같이 객석에서 술을 넣고 불을 붙여 향을 냄과 동시에 서비스 연출을 할 때도 있다.

→ **crêpe Suzette**(106쪽)

자 타오르다, 불길이 솟아오르다

* faire flamber devant les convives(페르 ~ 드방 레 콩비브) 손님 앞에서 플랑베를 하다(타오르게 하다).

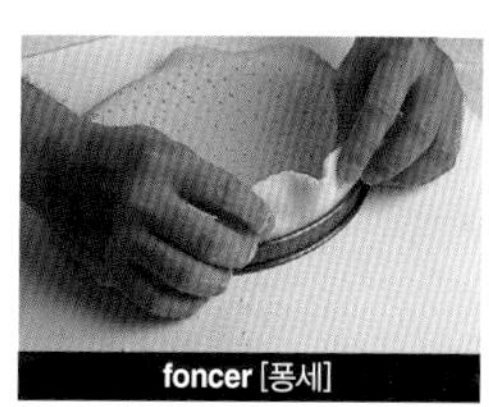
foncer [퐁세]

foncer [퐁세] 📷

타 파이 반죽 등을 틀에 깔다

* pâte à foncer(파타 ~) 바닥에 까는 용도의 반죽.

⇒ **fonçage**[퐁사주] 남 바닥에 까는 것

동작

Ⓕ

fondre[퐁드르]

([과분] **fondu** / **fondue**[퐁뒤])

[타] 녹이다, (녹아내리듯이 부드러워질 때까지) 찌다

[자] 녹다, 녹아내리다

* faire fondre le beurre(페르 ~ 르 뵈르) 버터를 녹이다.

→ **fondu**(45쪽)

fouetter[푸에테]

[타] (생크림이나 달걀 등을) 거품 내다, 휘저으며 거품을 내다

* crème fouettée(크렘 푸에테) 거품을 낸 생크림, 휘핑크림.

※ 설탕을 넣지 않고 거품을 낸 것을 말한다.

→ **fouet**(64쪽)

fourrer[푸레]

[타] 채우다, 채워넣다

※ 스펀지에 크림을 끼워 바르거나 슈에 크림을 채우는 등, 무언가의 한가운데에 다른 것을 넣는 것.

* fourrer les choux de crème(~ 레 슈 드 크렘) 슈에 크림을 채우다.

= **garnir**

fraiser[프레제]

[타] 반죽을 조금씩 손바닥이나 팔레트로 짓이기다

※ **fraser**[프라제]라고도 말한다. 재료가 모두 잘 섞였는지 확인하고, 반죽을 균일하게 부드러운 상태로 만들기 위해 행하는 작업. 삼각 팔레트를 이용해도 좋다.

frémir[프레미르]

[자] 가볍게 끓다, (액체의 표면이) 미세하게 떨리다

※ 끓기 시작한 상태(85~90℃).

* laisser(faire) frémir doucement à découvert(레세(페르) ~ 두스망 아 데쿠베르) 뚜껑을 덮지 않은 채 살짝만 끓이다.

→ **doucement**(37쪽), **frémissant**(45쪽)

⇒ **frémissement**[프레미스망] [남] 희미하게 끓고 있는 것

* chauffer jusqu'à frémissement(쇼페 쥐스카 프레미스망) (부글부글하며) 가볍게 끓을 때까지 가열하다.

frire[프리르]

[타] ([과분] **frit**[프리] / **frite**[프리트]) (기름으로) 튀기다

fouetter [푸에테]

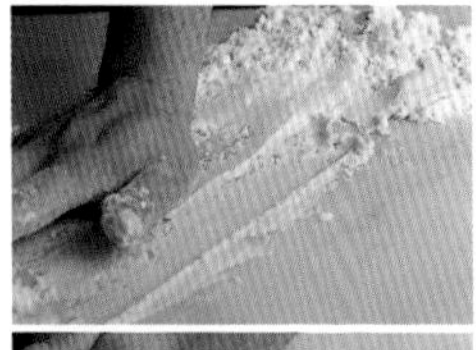

fraiser [프레제]

frémir [프레미르]

frotter [프로테]

타 문질러 바르다

* frotter le sucre avec le zeste d'orange(~ 르 쉬크르 아베트 르 제스트 도랑주) 설탕을 오렌지 껍질에 문질러 바르다.

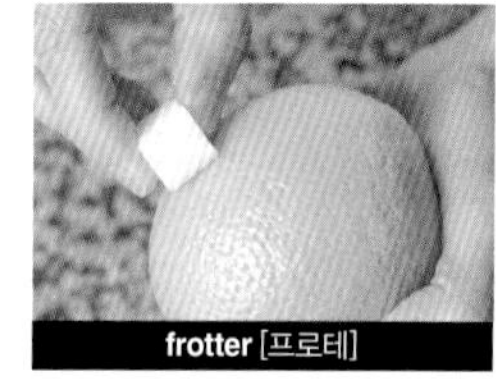

frotter [프로테]

garnir [가르니르]

타 1. 채우다

2. 배합하다, 곁들이다

→ **garniture**(111쪽)

garnir [가르니르]

glacer [글라세]

타 (과분 · 형 **glacé** / **glacée**[글라세])

1. 윤을 내다, 설탕을 입히다.

* glacer des choux au fondant(~ 데 슈 오 퐁당) 슈에 퐁당을 입히다.

* petits-fours glacés(프티푸르 글라세) 퐁당을 입힌 프티푸르.

2. 광택을 입히다

※ 다 구운 제품에 설탕을 입혀서 고온의 오븐으로 굽고, 설탕을 캐러멜화 시켜서 윤을 내다.

3. 얼리다

→ **glaçage**(112쪽)

glacer [글라세]

gonfler [공플레]

타 부풀리다

자 부풀다

goûter [구테]

타 먹어보다, 맛보다

→ **goût**(39쪽)

gratiner [그라티네]

타 그라탱으로 만들다, 소스를 뿌려서 표면이 눋도록 굽다

* gratiner des fruits(~ 데 프뤼) 과일을 그라탱으로 만들다.

→ **gratin**(113쪽)

gratter [그라떼]

gratter [그라테]

타 긁어내다, 깎다

* gratter les grains avec la pointe d'un couteau (~ 레 그랭 아베크 라 푸앙트 됭 쿠토) 씨앗을 나이프 끝으로 긁어내다.

griller [그리예]

타 넛트 등을 오븐에서 굽다, 볶다
※ 원래는 그릴(석쇠)로 굽는 것.
* amandes grillées(아망드 그리예) 구운 아몬드.

griller [그리예]

hacher [아셰]

타 잘게 다지다
* amandes hachées(아망드 아셰) 아몬드 다이스.
→ **ciseler 1.**

hacher [아셰]

imbiber [앵비베]

타 (시럽 등의 액체를) 배어들게 하다, 축축하게 하다
※ 제누와즈나 비스킷 등을 촉촉하게 하거나 풍미를 더하기 위해 시럽이나 술 등을 발라서 스며들게 할 때 사용한다.
* imbiber la génoise dans le sirop(~ 라 제누아즈 당 르 시로) 제누와즈에 시럽을 바르다.
→ **imbibage**(113쪽)
= **puncher**

inciser [앵시제]

타 칼집을 내다

incorporer [앵코르포레]

타 한데 섞다, 섞어 넣다
※ 특정 재료(또는 몇 가지의 재료를 섞은 것)를 다른 재료에 첨가하여 균일한 상태로 만든 것. 슈의 밀반죽에 달걀을 넣거나 비스퀴의 밀반죽과 머랭을 살살 섞는 것처럼, 단단함과 중량이 서로 다른 것을 한번에 세게 섞지 않고 조금씩 합치면서 섞는 상황일 때 자주 쓰인다.
* incorporer les blancs montés à l'appareil(~ 레 블랑 몽테 아 라파레유) 아파레유에 거품을 낸 달걀흰자를 섞어 넣다.

incorporer [앵코르포레]

infuser [앵퓌제]

타 달이다, 뜨거운 물에 우리다
※ 끓인 액체에 허브, 향신료 등을 담가서 향이나 성분을 추출하다.
* infuser la gousse de vanille dans le lait(~ 라 구스 드 바니유 당 르 레) 바닐라의 껍질을 우유에 넣어서 우려내다.
→ **infusion**(90쪽)

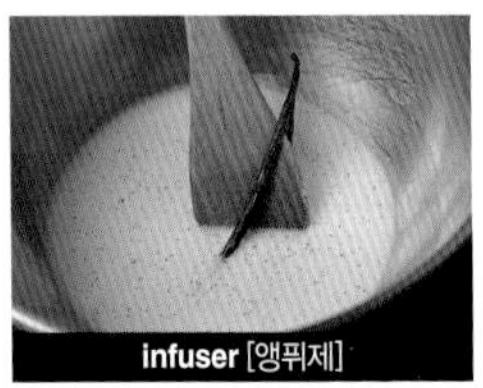
infuser [앵퓌제]

laisser [레세]

타 1. 남겨 놓다, 그대로 두다

2. laisser+동사(부정사) ~시키다

* laisser mijoter(~ 미조테) 보글보글 끓이다. laisser reposer la pâte(~ 르포제 라 파트) 반죽을 숙성시키다.

laver [라베]

타 씻기다

lever [르베]

1. 자 발효하다, 부풀다

* laisser lever la pâte(레세 ~ 라 파트) 반죽을 발효시키다.

* pâte levée(파트 르베) 발효 반죽, 발효시킨 반죽.

= pousser

2. 타 들어올리다

= relever[를르베] (맛을 끌어 올린다는 의미도 있다)

3. 타 잘라내다

* lever les quartiers(~ 레 카르티에) 덩어리로 잘라내다(오렌지 등의 과육을 하나씩 잘라내다).

→ quartier(143쪽)

lier [리에]

타 농도를 진하게 하다, 걸쭉하게 만들다, 연결하다

= épaissir

⇒ liaison[리에종] 여 연결하는 것, 끈기(농도)를 만드는 것. 걸쭉하게 만들기 위한 재료

lisser [리세]

타 (확실히 섞어서) 매끄럽게 만들다. 크림 등을 발라서 표면을 매끄럽게 하다. 윤을 내다

→ lisse(45쪽)

lustrer [뤼스트레]

타 윤을 내다, 과자의 표면에 애프리콧 잼이나 나파주를 바르다

= abricoter, napper

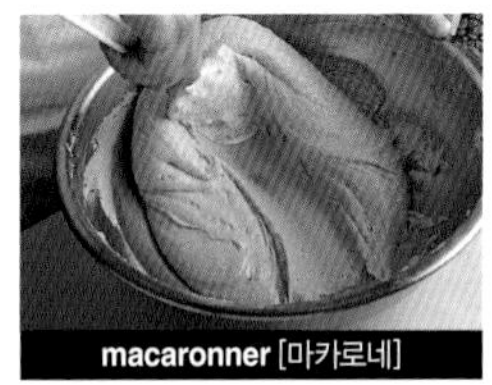

macaronner [마카로네]

macérer [마세레]

lyophiliser [리오필리제]

타 (식품을) 동결건조시키다, 프리즈드라이 하다

* fraises lyophilisées(프레즈 피오필리제) 프리즈드라이한 딸기.

macaronner [마카로네] 📷

타 (마카롱을 만드는 데 적합한 상태가 되도록) 마카롱의 반죽을 카드나 고무주걱 등을 사용해서 섞고 단단한 정도를 조절하다

→ macaron(114쪽)

⇒ macaronage[마카로나주] 남 마카로네하는 것

macérer [마세레] 📷

타 과일 등을 술이나 시럽에 절이다, 담그다

* macérer des raisins secs dans du rhum(~ 데 레쟁 세크 당 뒤 롬) 건포도를 럼주에 담그다.

malaxer[말락세]
타 반죽하다, 주무르다
※ 특히 '밀가루와 버터를 균일하게 확실히 섞다', '반죽에 탄력과 찰기가 돌도록 섞다', '차가운 버터나 마지팬 등 단단한 것을 부드럽게 만들기 위해 섞다'라는 뜻으로 쓰인다.
→ **détremper, pétrir, travailler**

manger[망제]
자 타 먹다
→ **blanc-manger**(99쪽)

mariner[마리네]
타 마리네하다, 조미료 등에 절여서 부드럽게 하고 풍미를 더하다
※ 고기나 생선일 경우에 쓰인다. 과일을 술에 절일 때는 **macérer**를 쓸 때가 많다.

masquer[마스케]

타 크림이나 마지팬 등으로 덮다
= **napper 1.**

mélanger[멜랑제]
타 섞다, 혼합하다

meringuer[므랭게]
타 **1.** 달걀흰자에 설탕을 넣어 거품을 내다
2. 타르트 등의 과자를 머랭으로 덮고, 머랭을 노릇하게 구워 완성하다

mesurer[므쥐레]
타 (길이, 무게, 양을) 계측하다
→ **peser**

mettre[메트르]
타 (과분 · 형 **mis**[미] / **mise**[미즈]) 놓다, 넣다, 정돈하다
* mettre sur le feu(~ 쉬르 르 푀) 불에 올려놓다. mettre au froid(~ 오 프루아) 차가운 곳에 놓다.
⇒ **mise en place**(미 장 플라스) 여 준비(조리에 착수할 수 있는 상태로 준비하는 것. 재료를 모으고, 껍질을 벗기거나 잘라내는 등의 준비를 끝내는 것.
→ **place**(48쪽)

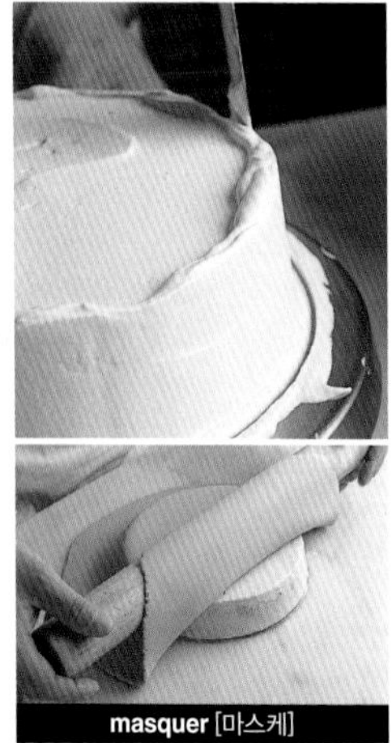
masquer [마스케]

mijoter[미조테]
타 약불로 뭉근하게 익히다

mixer[믹세]
타 믹서기에 넣다
→ **mixeur**(59쪽)

monder[몽데]
타 따뜻한 물에 담가 껍질을 벗기다
* amandes mondées(아망드 몽데) 껍질을 벗긴 아몬드.
= **émonder**

monter[몽테]

타 1. (달걀흰자 등을) 거품 내다, 마구 휘젓다
※ 요리용어로는 소스의 완성 단계에서 버터를 조금씩 녹이며 섞어서 감칠맛을 내는 것을 말한다.
* monter les blancs d'œufs en neige(~ 레 블랑 되 앙 네주) 달걀흰자를 흰 눈처럼 거품 내다(머랭을 거품 내다).
2. 과자를 맞추다
⇒ **montage**[몽타주] 남 조립
3. 퐁세**foncer**를 할 때, 반죽을 틀의 테두리보다 높게 하다
→ **foncer**

mouiller[무예]

타 1. 액체를 넣다
* mouiller le sucre avec un peu d'eau(~ 르 쉬크르 아베크 욍 푀 도) (시럽을 만들 때에) 설탕에 물을 소량 넣는다.
2. 촉촉하게 하다, 오븐 플레이트나 틀에 솔로 물을 묻히다

mouler[물레]

타 틀에 넣다
⇔ **démouler**
⇒ **moulage**[물라주] 남 틀에 채워 넣는 것, 주조(鑄造)
→ **moule**(50쪽)

mousser[무세]

자 거품이 일다
※ 아파레유와 소스를 지나치게 섞어서 거품이 생기고 말았을 때를 말한다. **faire mousser**의 형태로 크림이나 소스를 거품 낸다는 의미로도 쓰인다.

napper[나페]

타 1. (전체를 덮듯이) 크림 등을 바르다
2. (크렘 앙글레즈를 만들 때) 주걱을 덮는 농도로 졸이다
※ 2와 같이 휘저으며 약 85℃까지 가열한 상태(주걱을 베일**veil**처럼 덮는 농도)를 **à la nappe**(아 라 나프) 나프 상태라고 말한다.
⇒ **nappe**[나프] 여 얇고 넓은 층, 식탁보
→ **nappage**(117쪽), **nappé**(148쪽 부록 설탕을 졸인 정도에 따라 변화하는 상태의 명칭)

nettoyer[네투아예]

타 깨끗이 하다, 청소하다
※ 껍질을 벗기는 등 재료의 여분을 제거하는 것을 의미한다
* nettoyer les fraises(~ 레 프레즈) 딸기를 다듬다.

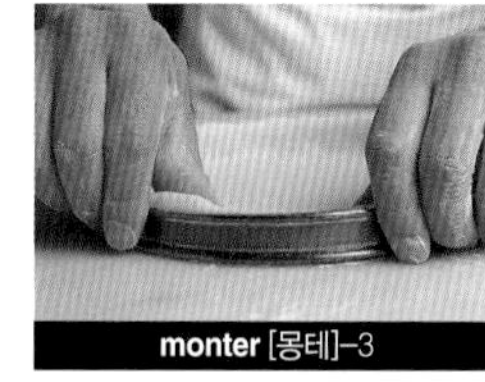
monter [몽테]–3

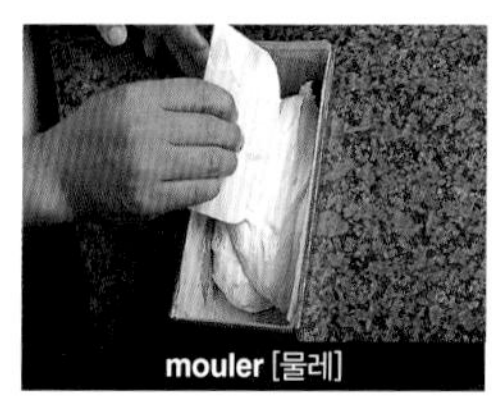
mouler [물레]

napper [나페]–1

동작

Ⓟ

P

parer[파레]

타 1. 여분인 것을 제거하여 형태를 정리하다
2. 아몬드 슬라이스나 파에테 포요틴**pailleté feuilletine** 등을 묻혀서 장식하다
→ **pailleté feuilletine**(118쪽)

parfumer[파르퓌메]

타 향을 내다
→ **parfum**(95쪽)
= **aromatiser**

parsemer[파르스메]

타 뿌리다, 살포하다
* parsemer de chocolat râpé(~ 드 쇼콜라 라페) 깎아낸 초콜릿을 뿌리다.

passer[파세]

타 1. 거르다, 여과하다
* passer au chinois(~ 오 시누아) 시누아(여과기)로 거르다.
→ **chinois, passoire** (이상 66쪽)
2. (믹서나 오븐에) 통과시키다, 넣다, 올리다
* passer au four(~ 오 푸르) 오븐에 넣다.

peler[플레]

타 껍질을 벗기다
* peler les fruits à vif(~ 레 프뤼 아 비프) 과일(주로 감귤류)의 껍질을 과육이 나올 때까지 벗기다.
→ **vif**(47쪽)

peser[프제]

타 (무게를) 계량하다
→ **mesurer**

pétrir[페트리르]

타 반죽하다

pincer[팽세]

타 반죽의 테두리를 파이 집게**pince à pâte** 등으로 집다, 끼우다
※ 파이 반죽의 테두리 주변을 모양내기 위한 작업.
→ **pince à pâte**(64쪽)

parfumer [파르퓌메]

passer [파세]

pincer [팽세]

piquer[피케]

타 (피케 롤러**pic-vite**나 포크로) 반죽에 작은 구멍을 내다. (나이프 끝으로) 파이 반죽에 증기를 빼기 위해 작은 구멍을 내다
→ **pic-vite**(72쪽)

placer[플라세]

타 (위치를 정해서) 놓다, 나열하다
= **poser**

plier[플리에]

타 꺾다, 접다
→ **replier**

plonger [플롱제]

타 빠뜨리다, 담그다

* plonger les marrons dans l'eau bouillante(~ 레 마롱 당 로 부양트) 밤을 끓는 물에 넣다(살짝 삶다).

→ **bouillant**(43쪽)

pocher [포셰]

타 **1.** 삶다. 충분히 잠길 정도의 액체(물, 시럽, 와인 등)에 과일을 넣고 끓기 직전의 상태까지 익히다

* pocher dans le sirop(~ 당 르 시로) 시럽에 익히다.

2. 중탕으로 가열하다

poêler [푸알레]

타 프라이팬에 굽다

※ 과일을 푸알레할 경우, 버터에 볶는 것만이 아닌 대부분의 경우에 설탕을 넣어 카라멜리제를 하는 것도 포함한다.

→ **poêle**(68쪽)

porter [포르테]

타 **porter A à B** : A를 B(의 상태)로 만들다

* porter à frémissement(~ 아 프레미스망) 가볍게 끓이다.

→ **frémissement**(22쪽 **frémir**)

poser [포제]

타 놓다

* poser la deuxième abaisse(~ 라 되지엠 아베스) 두 번째 장의 반죽을 놓다.

⇒ **disposer**[디스포제] 타 정리하여 놓다, 배치하다

⇒ **déposer**[데포제] 타 (갖고 있던 것을) 놓다, 침전시키다

→ **abaisse**(97쪽)

poudrer [푸드레]

타 뿌리다

= **saupoudrer**

pousser [푸세]

타 밀다, 높이다

자 부풀다

piquer [피케]

poêler [푸알레]

poudrer [푸드레]

* pâte poussée crémée(파트 푸세 크레메) 버터의 크림 성분으로 부풀린 반죽. pâte poussée (battue)(파트 푸세 (바튀)) 베이킹파우더로 부풀린 반죽.

→ **battre**

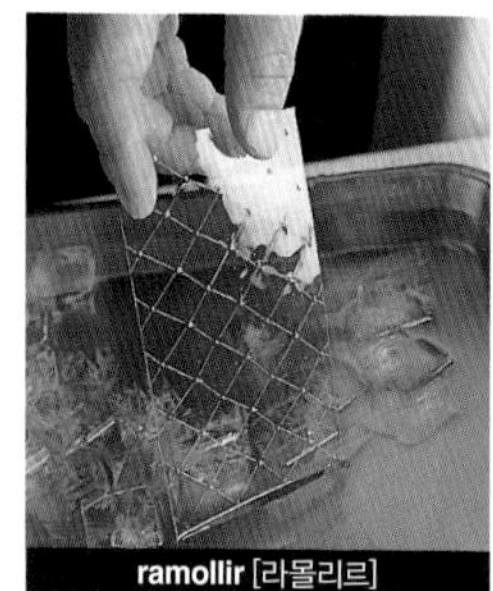
ramollir [라몰리르]

prendre [프랑드르]

(과분·형 **pris** [프리] / **prise** [프리즈])

자 굳다, 얼다

* laisser prendre au frais(레세 ~ 오 프레) 얼려서 굳히다.

→ **frais**(45쪽)

타 손으로 집다, 탈 것에 타다, 음식물을 먹다

préparer [프레파레]

타 조리하다, 준비하다

⇒ **préparation** [프레파라시옹] 여 조리법, 사전 준비

présenter [프레장테]

타 그릇에 담다, 올리다

⇒ **présentation** [프레장타시옹] 여 그릇에 담기, 프레젠테이션

presser [프레세]

타 짜다

pulvériser [퓔베리제]

타 분무하다, 스프레이 건**pistolet**으로 초콜릿 등을 분사하다

→ **pistolet**(73쪽)

puncher [퐁셰]

타 (시럽 등을) 스며들게 하다, 적시다

= **imbiber**

→ **punch**(123쪽)

quadriller [카드리예]

타 바둑판 모양으로 만들다

※ 띠 형태로 자른 파이 반죽을 타르트 표면에 비스듬히 교차시켜서 올린다. 머랭이나 크림을 바른 표면에 가열한 꼬챙이로 탄 자국을 내어 바둑판무늬를 새긴다.

rabattre [라바트르]

타 (과분 **rabattu** / **rabattue** [라바튀]) 꺾다, 발효 반죽에 구멍을 내다

racler [라클레]

타 깨끗하게 긁어내어 반죽 등을 남김없이 모으다

→ **raclette**(64쪽)

= **corner**

ramollir [라몰리르] 📷

타 젤라틴을 냉수에 불리다, 버터 등을 부드럽게 하다

ranger [랑제]

타 나란히 놓다

* ranger les poires coupées en quartier(~ 레 푸아르 쿠페 앙 카르티에) 세로로 반달 모양처럼 자른 서양배를 나란히 놓다.

râper [라페] 📷

타 너트, 치즈, 감귤류의 표피 등을 깎다, 갈다

* noix de coco râpée(누아 드 코코 라페) 코코넛 플레이크(얇게 간 코코넛).

rayer [레예] 📷

타 선을 긋다, 달걀을 바른 반죽 표면에 나이프나 포크 끝으로 줄무늬를 넣다
※ 달걀을 바른 파이 반죽 표면에 사선으로 칼집을 넣어 곡선을 그린다. 반죽의 층이 잘려서, 구우면 모양이 떠오른다(사진 위).
※ 짜낸 반죽에 달걀을 바른 에클레어에 포크로 줄을 긋는다. 그은 줄무늬를 따라 금이 가서, 예쁜 원통 모양으로 부푼다(사진 밑).
→ **dorure**(107쪽)

réchauffer [레쇼페]

타 데우다

recouvrir [르쿠브리르]

타 (과분 **recouvert**[르쿠베르] / **recouverte**[르쿠베르트]) 덮다, 뚜껑을 씌우다
= couvrir

réduire [레뒤르]

타 (과분 **réduit**[레뒤] / **réduite**[레뒤트]) 졸이다
* réduire à sec(~ 아 세크) 수분이 없어질 때까지 졸이다, réduire à un tiers(~ 아 왱 티에르) 3분의 1까지 졸이다.

refroidir [르프루아디르]

타 식히다
자 식다
* laisser refroidir et réserver au frais(레세 ~ 에 레제르베 오 프레) 식혀서 냉장고에 넣어 두다.
→ **frais**(45쪽)

remettre [르메트르]

타 (과분 **remis**[르미] / **remise**[르미즈]) (원래 장소에) 돌려놓다

remplir [랑플리르]

타 채우다, 가득 차게 하다
* remplir le moule aux 3/4(~ 르 물 오 트루아 카르) 틀의 4분의 3까지 넣다.

râper [라페]

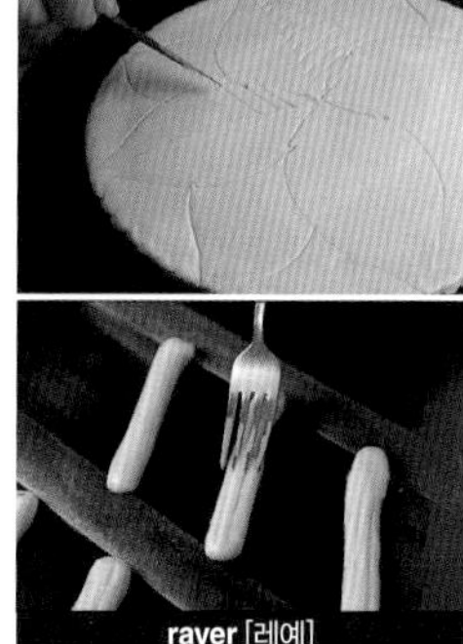

rayer [레예]

동작

Ⓡ

동작

Ⓡ

remuer[르뮈에]

[타] 휘젓다, 마구 섞다

* verser le lait bouillant en remuant(베르세 르 레 부양 앙 르뮈앙) 잘 저으면서 끓인 우유를 붓는다.

※ **remuant**는 **remuer**의 현재분사(현재진행형을 나타내고(계속 저으면서), 또한 형용사로서 명사를 수식한다. **remuant**의 여성형은 **remuante**[르뮈앙트]).

→ **bouillant**(43쪽)

renverser[랑베르세]

[타] 뒤집다

→ **crème renversée**(106쪽)

replier[르플리에]

[타] 다시 접다, 개다

* replier le tiers de l'abaisse(~ 르 티에르 드 라베스) 반죽의 3분의 1을 접다.

reposer[르포제]

1. [타] 쉬게 하다
2. [자] 쉬다, 휴식하다

* laisser reposer pendant 10 minutes(레세 ~ 팡당 디 미뉘트) 10분 쉬게 하다.

→ **pendant** (153쪽 [부록] 레시피에서 자주 사용되는 전치사, 접속사 등)

réserver[레제르베]

[타] 1. 남겨 놓다

* réserver au chaud(~ 오 쇼) 보온해 두다. réserver au froid(~ 오 프루아) 차가운 곳(냉장고)에 넣어 두다.

2. 예약하다

retirer[르티레]

[타] 1. **retirer de A** : **A**에서 꺼내다

* retirer du feu(~ 뒤 푀) 불에서 꺼내다.

2. 빼내다

retourner[르투르네]

[타] 1. 뒤집다

2. 휘젓다

remuer [르뮈에]

replier [르플리에]

rôtir[로티르]

[타] 로스트하다, 큰 덩어리의 상태로 오븐에서 굽다

rouler[룰레]

[타] 말다, 굴리다

→ **roulé**(124쪽)

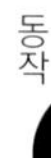

S

sabler[사블레]

타 액체를 넣지 않고 유지와 가루를 조율하여, 바슬바슬한 모래알 상태로 만들다

* sabler rapidement entre les mains le tout(~ 라피드망 앙트르 레 맹 르 투) 모든 재료를 양손으로 집고 재빨리 비비다.

⇒ **sable**[사블] 남 모래

⇒ **sablage**[사블라주] 남 사블레하는 것

→ **pâte brisée, pâte sablée**(이상 120쪽)

sabler [사블레]

saler[살레]

타 소금을 뿌리다, 소금을 넣다

saupoudrer[소푸드레]

타 (가루 상태인 것을) 뿌리다

※ 특히 마무리에 가루 설탕, 코코아 파우더 등을 뿌리는 것.

= **poudrer**

sauter[소테]

타 볶다, 강불에 굽다

sécher[세셰]

타 말리다, 건조시키다

→ **blancs d'œufs séchés**(75쪽)

→ **sec**(46쪽)

sécher [세셰]

séparer[세파레]

타 분리하다

→ **séparément**(38쪽)

serrer[세레]

타 머랭을 완성하는 단계에, 거품기로 세게 섞어서 기포를 단단히 만들다

serrer [세레]

souffler[수플레]

자 (과분·형 **soufflé / soufflée**) 숨이나 공기를 불어넣다

* sucre soufflé(쉬크르 수플레) 불어서 만드는 설탕, 쉬크르 수플레.

→ **soufflé**(126쪽)

sucrer[쉬크레]

타 설탕을 넣다

surgeler[쉬르줄레]

타 급속냉동하다

tabler[타블레]

타 테이블 템퍼링을 하다
※ 대리석의 작업대 위에서 초콜릿을 붓고 식히면서 온도를 조정하는 것을 '테이블 템퍼링'이라고 한다.
⇒ tablage[타블라주] 남 테이블 템퍼링
→ tempérer

tabler [타블레]

tamiser[타미제]

타 1. 거르다, 체로 치다
* tamiser ensemble la farine et la fécule(~ 앙상블 라 파린 에 라 페퀼) 밀가루와 전분을 섞어서 거르다.
→ ensemble(37쪽)
2. 여과하다
→ tamis(66쪽)

tamiser [타미제]

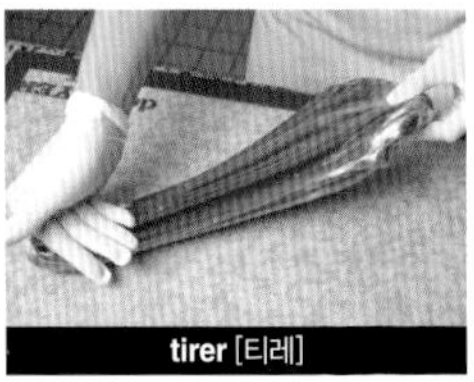
tirer [티레]

tamponner[탕포네]

타 1. 버터의 작은 조각을 뜨거운 크림이나 소스의 표면에 놓다(놓고 넓히다)
※ 버터가 녹아 얇은 막을 만들어서 건조되는 것을 막는다.
2. 가볍게 두드리다, 닦다
※ 타르트 틀에 깔아 놓은 반죽이 잘 들어맞도록 남은 반죽을 작게 만들어서 누른 다음 틀에 잘 맞도록 하는 작업.

tapisser[타피세]

타 갖다 붙이다

tempérer[탕페레]

타 템퍼링을 하다, 온도를 조절하다, 적당한 온도로 만들다
⇒ tempérage[탕페라주] 남 (초콜릿의) 템퍼링
※ 초콜릿은 템퍼링을 하면 윤이 나고 오래 보존할 수 있다.

tirer[티레]

타 당기다
→ sucre tiré(126쪽)
= étirer

tomber[통베]

타 숨이 죽을 때까지 볶다
* faire tomber les pommes au beurre(페르 ~ 레 폼 오 뵈르) 사과를 버터와 함께 숨이 죽을 때까지 볶는다.
자 떨어지다, 숨이 죽다

torréfier [토레피에]

타 볶다, 지지다

tourer [투레]

타 (패스추리 반죽을 만들 때에) 데트랑프(감싸는 반죽)에 버터를 집어넣다

※ 세 겹으로 접어서 늘리는 작업.

⇒ **tourage** [투라주] 남 접거나 끼우는 작업, 버터를 끼워 넣는 것

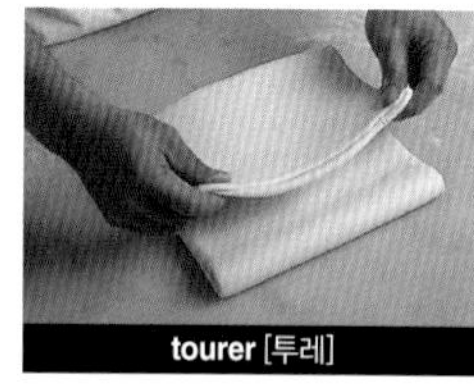

tourer [투레]

tourner [투르네]

타 발효 반죽을 성형하다. 채소나 과일의 껍질을 벗기면서 형태를 잡으며 면을 치다. 휘젓다

자 회전하다. 변화하다

trancher [트랑셰]

타 잘라서 나누다

※ 케이크나 파이 등 제품을 깔끔하게 잘라서 나눌 때 쓰인다.

= **découper**

travailler [트라바예]

타 뒤섞다, 반죽하다

*travailler le sirop(~ 르 시로) 시럽을 반죽하다(퐁당fondant을 만들 때에 바짝 졸인 시럽을 받침대에 흘려보내서 조금 식힌 다음, 한데 섞어 하얗게 다시 결정을 만든다).

자 일하다

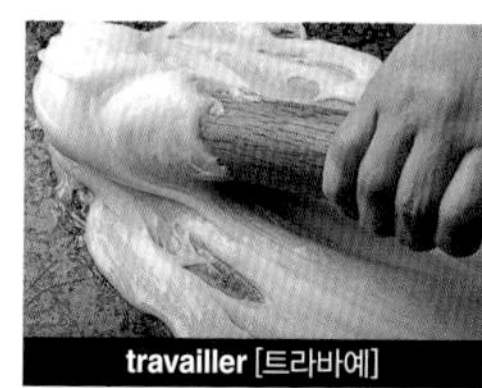

travailler [트라바예]

tremper [트랑페]

타 1. (쿠베르튀르, 퐁당 등에서) 코팅하다, 덮다

2. (시럽 등의 액체에) 담그다, 금방 넣었다 빼다

* tremper les savarins dans le sirop(~ 레 사바랭 당 르 시로) 사바랭을 시럽에 담그다.

tremper [트랑페]

trier [트리에]

타 (재료를 크기, 형태로) 분류하다, 선별하다. 남는 부분을 제거하다

turbiner [튀르비네]

타 아이스크림 제조기**sorbétière**로 돌리다

→ **sorbétière** (60쪽)

U

utiliser [위틸리제]

타 이용하다, 사용하다

vanniller[바니예]

타 바닐라의 풍미를 더하다

→ **sucre vanillé**(77쪽)

vanner[바네]

타 (주걱이나 거품기로 자주) 휘젓다

※ 크림이나 소스 등의 잔열이 없어질 때까지 분리하거나 표면에 막이 부풀지 않도록 하기 위해 행하는 작업.

verser[베르세]

타 붓다, 부어넣다

※ 액체, 유동성이 있는 것을 더하는 것.

* verser le sucre cuit en filet(~ 르 쉬크르 퀴 앙 필레) 시럽을 실처럼 부어넣다(파타 봉브pâte à bombe나 이탈리안 머랭을 만들 때, 거품 낸 달걀을 휘저으며 고온에 졸인 시럽을 조금씩 늘어뜨리며 섞어 넣다).

→ **sucre cuit**(15쪽 **cuire**)

vider[비데]

타 과육을 도려내다, 씨나 심을 기구**vide-pomme**으로 빼내다

= **évider**

→ **vide-pomme**(72쪽)

정도와 상황

beaucoup [보쿠]

부 매우, 많이

* faire cuire avec beaucoup de graisse(페르 퀴르 아베크 ~ 드 그레스) 많은 양의 기름으로 굽다.

→ 부록 세는 방법(156쪽)

bien [비앵]

부 충분히, 잘

* bien mélanger(~ 멜랑제) 잘 섞다.

délicatement [델리카트망]

부 섬세하게, 신중히

* étendre délicatement la meringue sur la tarte (에탕드르 ~ 라 므랭그 쉬르 라 타르트) 타르트 위에 머랭을 조심히 펴다(흠이 나지 않게 주의해서 바르며 넓히다).

doucement [두스망]

부 천천히

*cuire doucement(퀴르 ~) 천천히 불을 켜다.

énergiquement [에네르지크망]

부 힘차게, 강력하게

* battre énergiquement au fouet(바트르 ~ 오 푸에) 거품기로 세게 휘젓다.

ensemble [앙상블]

부 함께, 전체를

* faire sauter ensemble dans une poêle(페르 소테 ~ 당 쥔 푸알) 프라이팬에 같이 볶다.

environ [앙비롱]

부 거의, 대략

* 20 minutes environ(뱅 미뉘트 ~) 약 20분.

finement [핀망]

부 섬세하게

* hacher finement(아셰 ~) 섬세하고 잘게 썰다.

fortement [포르트망]

부 강하게

hermétiquement [에르메티크망]

부 밀봉하여

* fermer hermétiquement(페르메 ~) 밀봉하다.

légèrement [레제르망]

부 가볍게, 조금

* fariner légèrement(파리네 ~) 가볍게 밀가루를 뿌리다, 첨가하다.

peu [푀]

부 조금

* un peu de...(욍 ~ 드) 소량의….

plus [플뤼]

부 1. 보다 많이, 더욱

2. 이제는~없다

progressivement [프로그레시브망]

부 서서히

* abaisser progressivement la température du sirop(아베세 ~ 라 탕페라튀르 뒤 시로) 시럽의 온도를 서서히 낮추다.

rapidement[라피드망]

부 재빨리, 잽싸게

* mélanger rapidement la farine et le beurre(멜랑제 ~ 라 파린 에 르 뵈르) 밀가루와 버터를 재빨리 한데 섞다.

séparément[세파레망]

부 따로따로

* ajouter séparément(아주테 ~) 따로따로 넣다.

simplement[생플르망]

부 간단히, 단순하게

soigneusement[수아뇌즈망]

부 정중히, 정성 들여서

* trier soigneusement les framboises(트리예 ~ 레 프랑부아즈) 프랑부아즈를 정성스럽게 선별하다.

souvent[수방]

부 종종

suffisamment[쉬피자망]

부 충분히

* la crème suffisamment réfrigérée(라 크렘 ~ 레프리제레) 냉장고에서 충분히 차갑게 한 생크림.

* réfrigéré는 동사 réfrigérer[레프리제레]의 과거분사. crème을 수식하기 때문에 여성형.

toujours[투주르]

부 언제나

très[트레]

부 몹시, 매우

uniquement[위니크망]

부 단순히

vite[비트]

부 빠르게, 재빠르게

vivement[비브망]

부 힘차게

* mixer vivement pendant 5 min(믹세 ~ 팡당 생 미뉘트) 5분간 힘차게 믹서에 갈다.

형태와 상태

맛

acide[아시드]
형 신, 산미가 나는(남 산)
* crème acide(크렘 ~) 사워크림.
→ **acide citrique**(94쪽)

acidulé / acidulée[아시뒬레]
형 새콤한

amer / amère[아메르]
형 쓴, 쓴맛이 나는
* orange amère(오랑주 ~) 비터 오렌지bitter orange.

bon / bonne[봉/본]
형 좋은, 질이 좋은, 맛있는
※ **meilleur**[메이외르] 더 나은, **moins bon** [무앵 ~] 뒤처지다
⇔ **mauvais**

délicat / délicate[델리카/델리카트]
형 섬세한, 상처받기 쉬운

délicieux(단복동형) / **délicieuse**[델리시외/델리시외즈]
형 맛있는
※ 명사화하여 과자 이름에 사용하기도 한다.

doux(단복동형) / **douce**[두/두스]
형 단맛이 나는, 맛이 순한(마일드한), 유순한, 매끄러운, 온난한
= **chaud**, 부드러운, 온화한
* patate douce(파타트 ~) 감자, cuire à feu doux (퀴르 아 푀 ~) 약불에 익히다, 굽다.
⇒ **douceur**[두쇠르] 여 단맛, 단 것, 과자

goût[구]
남 맛, 미각

mauvais(단복동형) / **mauvaise**[모베/모베즈]
형 나쁜, 맛이 없는, 불쾌한
⇔ **bon**

piquant / piquante
[피캉/피캉트]
형 톡 쏘는, 매운(**piquer**의 현재분사)
→ **piquer**(28쪽)

salé / salée[살레]
형 소금맛이 나는, 소금을 더한(**saler**의 과거분사)
* le beurre salé(르 뵈르 ~) 유염 버터.
→ **saler**(33쪽)
→ **sel**(95쪽)

saveur[사뵈르]
여 맛, 풍미

sucré / sucrée[쉬크레]
형 (**sucrer**의 과거분사) 달콤한, 설탕을 더한
→ **sucre**(76쪽), **sucrer**(33쪽)

색

argent[아르장]
형 은색의 (남 은, 돈)

blanc / blanche
[블랑/블랑슈]
형 하얀(남 백색, 달걀흰자)
* cuire à blanc(퀴르 아 ~) 프라이팬 등을 달구다.

bleu / bleue[블뢰]
형 파란 (남 파랑색, 푸른곰팡이 치즈)

blond / blonde[블롱/블롱드]
형 블론드 색의, 금색의 (남 황금색)

brun / brune[브룅/브륀]
형 거무스름한, 갈색의 (남 갈색)

clair / claire[클레르]
형 밝은, 연한
⇔ foncé

couleur[쿨뢰르]
여 색

foncé / foncée[퐁세]
형 짙은, 어두운
⇔ clair

gris / grise[그리/그리즈]
형 회색의 (남 회색, 그레이)

ivoire[이부아르]
형 상아색의 (남 상아, 상아색, 아이보리)
* chocholat ivoire(쇼콜라 ~) 화이트초콜릿.

jaune[존]
형 노란, 노란색의 (남 노란색, 달걀노른자
= jaune d'œuf(75쪽))

marron[마롱]
형 밤색의 (남 밤색)

neutre[뇌트르]
형 특징이 없는, 중간의
* nappage neutre(나파주 ~) 투명한 나파주.

noir / noire[누아르]
형 검은 (검정색)

or[오르]
남 금, 황금. 금색
* feuille d'or(푀유 도르) 금박.
→ dorer(17쪽. 금색으로 만든다는 의미도 있다)

pâle[팔]
형 색이 옅은, 창백한
⇔ foncé

rose[로즈]
형 장밋빛의, 핑크색의 (남 장밋빛, 여 장미)

rosé / rosée[로제]
형 장밋빛의, 핑크색의 (남 로제와인)

rouge[루주]
형 빨간 (남 빨강, 연지)

roux(단복동형) **/ rousse**[루/루스]
형 적갈색의 (남 (roux)적갈색 루 : 밀가루를 같은 양의 버터에 볶은 것. 소스나 스프를 걸쭉하게 만들거나 수플레의 베이스로 쓰이기도 한다.)
→ sucre roux(77쪽)

vert / verte[베르/베르트]
형 1. 초록색의 (남 초록색, 초록 부분)
2. (과일 등이) 덜 익은

violet / violette[비올레/비올레트]
형 보라색의, 제비꽃 색깔의 (남 자색 / 여 제비꽃)

형태 · 크기

angle[앙글]
남 각, 각도

bande[방드]
여 밴드, 띠
* bande aux pommes(~ 오 폼) 사과파이, bande aux fruits(~ 오 프뤼) 후르츠파이.
※ 기다랗게 직사각형으로 자른 퍼이타주의 양 끝에 띠 모양의 반죽을 겹쳐서, 중앙에 크

림과 과일을 넣어 구운 네모난 파이.

bâton[바통]
남 막대기, 막대 모양의 물건
→ 부록 세는 방법(157쪽)

bâtonnet[바토네]
남 작은 막대 모양의 물건
※ **bâton**보다 가는 것.

biais(단복동형)[비에]
남 비스듬함
* dresser en biais(드레세 앙 ~) 비스듬히 쌓다.

boule[불]
여 공, 볼
* boule de neige(~ 드 네주) 눈덩이.
※ 반죽을 공처럼 둥글게 만들어서 굽고, 설탕 가루를 묻힌 쿠키
→ **bouler**(122쪽)

carré/carrée[카레]
형 사각형의, 정사각형의 (남자 사각, 어린 양 등의 뼈가 있는 등심)

cône[콘]
남 원추형, (식물의) 구과(말하자면 솔방울)
* cône de pignon(~ 드 피뇽) 솔방울.
→ **corne**(64쪽), **cornet**(66쪽)

cordon[코르동]
남 끈, 리본 (**en cordon** : 끈 모양으로)

couronne[쿠론]
여 왕관
※ 반지, 링 모양을 가리킨다.
* dresser en couronne(드레세 앙 ~) 왕관 모양으로 만들다.

court/courte[쿠르/쿠르트]
형 짧은
⇔ **long**

cube[퀴브]
남 정육면체
* sucre en cube(쉬크르 앙 ~) 각설탕.

dé[데]
남 주사위 눈, 주사위
* couper en dé(쿠페 앙 ~) 주사위 모양으로 자르다.

disque[디스크]
남 원반

dôme[돔]
남 돔
* en dôme(앙 ~) 돔 모양으로.

entier/entière
[앙티에/앙티에르]
형 전체의, 온, (과자가) 통째로 (남 전체)

épais(단복동형)/**épaisse**
[에페/에페스]
형 1. 두꺼운, 땅딸막한
⇔ **mince**
2. (농도가) 짙은, 농후한
⇔ **léger**(45쪽)

étroit/étroite[에트루아/에트루아트]
형 좁은, 협소한
⇔ **large**

fontaine[퐁텐]
여 샘물
* faire une fontaine dans la farine(페르 윈 ~ 당 라 파린) 넓게 펼친 밀가루 중앙을 움푹 들어가게 하다(밀가루 안에 샘을 만들다).

forme[포름]
여 형태, 형상

grand/grande[그랑/그랑드]
형 큰, 거대한
⇔ **petit**

granuleux(단복동형) / **granuleuse**
[그라뉠뢰/그라뉠뢰즈]
[형] 알갱이의, 알갱이 모양의

gros(단복동형) / **grosse**
[그로/그로스]
[형] 1. 두꺼운, 큰
⇔ maigre 2. (45쪽)
2. 큰
⇔ petit
3. 거친
⇔ fin(44쪽)

hémisphère[에미스페르]
[남] 반구

individuel / individuelle
[앵디비뒤엘]
[형] 개인용의, 개인의
* gâteau individuel(가토 ~) (1개가) 일인용 과자, 소형의 과자.

julienne[쥘리엔]
[여] 채썰기
* couper en julienne(쿠페 앙 ~) 채썰다.

lamelle[라멜]
[여] 얇은 조각
* couper en lamelle(쿠페 앙 ~) 아주 얇게 자르다.

lanière[라니에르]
[여] 끈
* découper le feuilletage en lanière(데쿠페 르 푀이타주 앙 ~) 접기형 파이의 반죽을 끈 모양으로 자르다.
* lanières d'écorce d'orange confite(~ 데코르스 도랑주 콩피트) 끈 모양으로 자른 오렌지 필.

large[라르주]
[형] 폭이 넓은 ([남] 폭)
⇔ étroit

liquide[리키드]
[형] 액체상태의 ([남] 액체)
→ solide
⇒ gaz[가즈] [남] 기체, gel[젤] [남] 겔 상태

long / longue[롱/롱그]
[형] 긴
⇔ court

losange[로장주]
[남] 마름모꼴

mince[맹스]
[형] (두께가) 얇은, 가느다란
⇔ épais

moulu / moulue[물뤼]
[형] 간, 가루로 만든
* poivre moulu(푸아브르 ~) 후춧가루.

ovale[오발]
[남] 달걀모양, 타원형 ([형] 달걀형의)

petit / petite[프티/프티트]
[형] 작은, 적은
⇔ grand

plat / plate[플라/플라트]
[형] 평평한 ([남] 평평한 부분, 요리, 그릇). (물이) 탄산가스를 함유하지 않은

pyramide[피라미드]
[여] 피라미드, 사각뿔

rectangle[렉탕글]
[남] 직사각형

rond / ronde[롱/롱드]
[형] 둥근, 구형의 ([남] 원)

rondelle[롱델]
[여] 둥글게 썬 것, 횡단면부터 둥글게 썬 것
* rondelle de citron(~ 드 시트롱) 둥글게 썬 레몬.

rosace[로자스]
[여] 장미 모양
* en rosace(앙 ~) 장미 모양으로, 장미 형태로.

ruban[뤼방]
남 리본, 리본 모양(뤼방 모양)
→ **cordon**

solide[솔리드]
형 고체의, 단단한 (남 고체)

sphérique[스페리크]
형 구형의, 둥근

tablette[타블레트]
여 1. 판, 판 모양의 것
2. 정제, 타블렛
→ **tablette de chocolat**(94쪽)

tranche[트랑슈]
여 얇게 썰기
* tranche napolitaine(~ 나폴리텐) 나폴리풍 트랑슈.
※ 삼색 아이스크림을 겹쳐서 틀에 넣어 굳힌 것.
→ **trancher**(35쪽)

triangle[트리앙글]
남 삼각형
→ **palette trangle**(71쪽)
→ **triangulaire**

triangulaire[트리앙귈레르]
형 삼각형의
→ **triangle**

tronçon[트롱송]
남 통째썰기

상태 · 그 밖의 형용

abondant / abondante
[아봉당/아봉당트]
형 풍부한, 풍족한
⇒ **abondance**[아봉당스] 여 풍부, 풍족함
* corne d'abondance(코른 다봉당스) 풍요의 뿔.
※ 원추형으로 구운 반죽에 크림과 과일을 다채롭게 채워 넣은 디저트.

alimentaire[알리망테르]
형 식품의, 음식의
→ **additif alimentaire**(94쪽)

ancien / ancienne[앙시앵/앙시엔]
형 옛날의, 고풍스러운
* tarte à l'ancienne(타르트 아 랑시엔) 옛날식 타르트.
⇔ **moderne**, **nouveau**

beau, bel(함께 [복수]**beaux**) **/ belle**[보, 벨([복수]보)/벨]
형 아름다운, 예쁜, 훌륭한

bouillant / bouillante
[부양/부양트]
형 끓인
→ **bouillir**(12쪽), **eau**(90쪽)

brillant / brillante[브리양/브리양트]
형 윤이 나는, 빛나는

brut / brute[브뤼트]
형 자연 그대로, (와인 등이) 쌉쌀한
→ **amandes brutes**(78쪽)

candi / candie [캉디]

형 결정으로 만든, 설탕에 절인, 설탕 옷을 입힌

→ candir(13쪽)

cannelé / cannelée [카늘레]

형 홈이 있는, 홈이 파인

→ douille cannelée(67쪽)

→ moule à cannelé(51쪽)

chaud / chaude [쇼/쇼드]

형 따뜻한, 뜨거운

* eau chaude(오 ~) 뜨거운 물, chocolat chaud(쇼콜라 ~) 핫 초콜릿.

⇔ froid

chimique [시미크]

형 화학의

→ levure chimique(95쪽)

classique [클라시크]

형 고전적인, 전통적인

crémeux(단복동형) / crémeuse

[크레뫼/크레뫼즈]

형 크림 상태의, 크림을 많이 함유한

※ 아주 부드러운 크림이나 무스의 이름에 사용한다.

croquant / croquante

[크로캉/크로캉트]

형 씹으면 바삭한 소리가 나는, 바삭바삭한, 와삭와삭한

→ croquer(15쪽), croquant(106쪽)

croustillant / croustillante

[크루스티양/크루스티양트]

형 와삭와삭한, 바삭바삭한

cru / crue [크뤼]

형 날 것의

* ajouter à cru(아주테 아 ~) 날 것 그대로 첨가한다.

droit / droite [드루아/드루아트]

형 곧은, 수직의(부 똑바로)

dur / dure [뒤르]

형 굳은

* œuf dur(외프 뒤르) 완숙으로 삶은 달걀.

⇔ mou, tendre

ébullition [에뷜리시옹]

여 끓음

* à ébullition(아 ~) 끓은 상태로.

* porter à ébullition(포르테 아 ~), mettre en ébullition(메트르 앙 ~), faire prendre l'ébullition(페르 프랑드르 레뷜리시옹) 끓이다.

exotique [에그조티크]

형 외국산의, 이국적인

→ fruit exotique(81쪽)

facultatif / facultative

[파퀼타티프/파퀼타티브]

형 임의의

※ 표시된 재료가 기호식품이고, 있으면 더 넣어도 좋다는 것을 의미할 때 사용한다.

* ajouter du rhum facultatif(아주테 뒤 롬 ~) 있다면 럼주를 추가한다.

faible [페블]

형 농도가 옅은, 연한, 약한, 소량의

⇔ fort

filet [필레]

남 실 모양의 것, 가늘고 길게 흐르는 액체

fin / fine [팽/핀]

형 미세한, 옅은, 고급의

* beurre fin(뵈르 ~) 고급 버터.

fondant / fondante
[퐁당/퐁당트]

형 녹는, 녹듯이

→ fondant(109쪽)

fondu / fondue [퐁뒤]

형 녹인, 녹은

* le beurre fondu[르 뵈르 ~] 녹은 버터.

→ fondre(22쪽), fondue(109쪽)

fort / forte [포르/포르트]

형 강한

⇔ faible

frais(단복동형) / fraîche
[프레/프레슈]

형 신선한, 차가운

* au (lieu) frais[오 (리외) ~] 차가운 곳에서.

→ lieu(48쪽)

* fruit frais[프뤼 ~] 신선한 과일(생과일).

frémissant / frémissante
[프레미상/프레미상트]

형 살짝 끓고 있는

※ frémir의 현재분사(현재진행형)이기도 하다.

* verser l'eau ou le lait frémissant[베르세 로 우르 레 ~] 살짝 끓인 물 또는 우유를 붓다.

→ frémir(22쪽)

froid / froide [프루아/프루아드]

형 차가운, 추운 (부 차가운 채로 남 차가움, 추위, 저온)

* eau froide[오 ~] 냉수, 얼음물. manger froid[망제 ~] 차가운 채로 먹다(가열하지 않고 먹다).

⇔ chaud

gras(단복동형) / grasse [그라/그라스]

형 기름기가 많은, 기름진

⇔ maigre

humide [위미드]

형 축축한

⇔ sec

léger / légère [레제/레제르]

형 1. 가벼운

⇔ lourd

2. 농도가 옅은

⇔ épais(41쪽)

lisse [리스]

형 매끄러운, 윤이 나는

* la partie lisse dessus[라 파르티 ~ 드쉬] 매끈한 윗면.

→ lisser(25쪽)

→ macaron lisse(114쪽)

lourd / lourde [루르/루르드]

형 무거운

⇔ léger

maigre [메그르]

형 1. 기름기가 적은, 고기 없는

⇔ gras

2. 마른, 여윈

⇔ gros(42쪽)

moderne [모데른]

형 현대의, 최신식의, 근대적인

⇔ ancien

moelleux(단복동형) / moelleuse
[무알뢰/무알뢰즈]

형 부드러운, 순한

⇔ dur

mou, mol (함께 [복수]mous) / molle [무, 몰([복수]무)/몰]

형 부드러운

⇔ dur

mûr / mûre [뮈르]

형 (과일이나 채소 등이) 익은

⇔ **vert 2.**(40쪽)

nature [나뛰르]

형 자연의, 그대로의, 아무것도 넣지 않은

* omelette nature(오믈레트 ~) 플레인 오믈렛.

naturel / naturelle [나뛰렐]

형 자연의, 본래의, 꾸밈없는

남 자연

※ 과일 통조림이나 병에 담긴 것을 가리킬 때 **au naturel**의 형태로 쓰인다.

* cerises au naturel(스리즈 오 ~) 버찌 통조림.

neuf / neuve [뇌프/뇌브]

형 새로운

⇔ **vieux**

nouveau, nouvel(함께 [복수] **nouveaux**) **/ nouvelle** [누보, 누벨([복수]누보)/누벨]

형 (명사 앞에 붙는) 새로운 (이름 뒤에 붙는) 최근 나온, 신기한, 신형의

⇔ **ancien**

onctueux(단복동형) **/ onctueuse** [옹크튀외/옹크튀외즈]

형 매끄러운, 끈끈한

pailleté / pailletée [파유테]

형 스팽글로 장식한, 반짝이는 것으로 치장한, 얇은 조각의(남 스팽글, 스팽글과 같은 얇은 조각)

→ **pailleté chocolat**(94쪽), **pailleté feuilletine**(118쪽)

plusieurs [플뤼지외르]

형 (복수의 명사와 함께 쓰이면서) 몇몇의~

profond / profonde [프로퐁/프로퐁드]

형 깊은

ras(단복동형) **/ rase** [라/라즈]

형 짧게 깎은, 녹음이 가득 깔린

* une cuillère à soupe rase de farine(윈 퀴예르 아 수프 ~ 드 파린) 평평하게 큰 숟가락 가득 채운 밀가루.

riche [리슈]

형 풍부한, 풍요로운

* fruit riche en vitamines(프뤼 ~ 앙 비타민) 비타민이 풍부한 과일.

sanitaire [사니테르]

형 공중위생의

* génie sanitaire(제니 ~) 공중위생학.

→ **hygiène**(141쪽)

sec / sèche [세크/세슈]

형 1. 건조한

⇔ **humide**

2. (와인 등이) 쌉쌀한 맛의

⇔ **doux**(39쪽)

→ **sècher**

simple [생플]

형 간단한, 단순한

supérieur / supérieure [쉬페리외르]

형 상급의

tendre [탕드르]

형 1. 부드러운

⇔ **dur**

2. 농도가 연한

⇔ **épais 2.** (41쪽)

tiède[티에드]

형 미지근한

*eau tiède(오 ~) 미온수.

tout([복수] **tous**) **/ toute**

[투, 투(스)/투트]

형 모든 것의, 전부의 (남 모두, 전체)

부 매우, 완전히

* tous ingrédients(~ 쟁그레디앙) 모든 재료.

* mettre les œufs dans la farine tout en travaillant(메트르 레 죄 당 라 파린 투 탕 트라바양 ~) 섞으면서 밀가루에 달걀을 넣는다.

traditionnel / traditionnelle

[트라디시오넬]

형 전통적인

translucide[트랑스뤼시드]

형 반투명의

transparent / transparente

[트랑스파랑/트랑스파랑트]

형 투명한, 속이 비치는

tropical([복수]**tropicaux**) **/ tropicale**[트로피칼([복수]트로피코)/트로피칼]

형 열대의, 열대성의

* fruit tropical(프뤼 ~) 트로피칼 후르츠.

tropique[트로피크]

남 (복수형으로) 열대지방, (단수형으로) 회귀선

varié / variée[바리에]

형 가짓수가 많은, 여러 가지를 합친

* petits-fours variés(프티푸르 ~) 프티푸르 세트.

vieux, vieil(함께 [복수]**vieux**) **/ vieille**[비외, 비에유([복수]비외)/비에유]

형 오래된, 늙은

⇔ neuf

vif / vive[비프/비브]

형 강한, 심한

* cuire à feu vif(퀴르 아 푀 ~) 강불에 익히다, 굽다.

※ à vif : 드러냈다는 의미

* citron pelé à vif(시트롱 플레 아 ~) 과육이 나올 때까지 껍질을 벗긴 레몬.

vrai / vraie[브레]

형 진정한, 진짜의

장소 · 위치

arrière[아리에르]

남 뒤, 후방

⇔ avant

autour[오투르]

부 주위에

* verser un cordon de sauce tout autour de l'assiette(베르세 욍 코르동 드 소스 투 토투르 드 라 시에트 ~) 접시 주위에 소스를 끈 모양처럼 흘려보낸다.

avant[아방]

남 앞, 전방 (형 앞의 부 앞에, 바로 앞에 전 앞에, 바로 앞에, ~까지)

⇔ après (153쪽 부록 레시피 등에서 자주 쓰이는 전치사, 접속사 등)

⇔ arrière

bas(단복동형) **/ basse**[바/바스]

형 낮은 (부 밑에, 낮게 남 낮은 장소)

⇔ haut

centre[상트르]

남 중앙, 중심

coin[쿠앵]

남 구석, 모퉁이

côté[코테]

남 옆, 측면

derrière[데리에르]

[남] 뒤, 후방, 등 뒤([부] 뒤에 [전] ~의 뒤에, 뒤쪽에)

⇔ **devant**

dessous[드수]

[부] 밑에

⇔ **dessus**

dessus[드쉬]

[부] 위에

⇔ **dessous**

devant[드방]

[남] 앞, 전방 ([부] 앞에 [전] ~의 앞에, 먼저)

* Chaud devant !(쇼 ~) 조심해!

※ 뜨거운 것을 들고 지나갈 때 말한다.

⇔ **derrière**

endroit[앙드루아]

[남] 장소, 살고 있는 곳. 겉, 표면

⇔ **envers**

= **lieu**

envers(단복동형)[앙베르]

[남] 겉, 표면

⇔ **endroit**

extérieur / extérieure

[엑스테리외르]

[형] 밖의, 외부의, 외측의, 국외와의 ([남] 외부, 옥외)

⇔ **intérieur**

→ **hors** [전] (153쪽 [부록] 레시피 등에서 자주 쓰이는 전치사, 접속사 등)

haut / haute[오/오트]

[형] 높은 ([남] 깊고 높은 곳, 높이)

⇔ **bas**

horizontal([복수]**horizontaux**) / **horizontale**

[오리종탈([복수]오리종토)/오리종탈]

[형] 수평의, 가로의

⇒ **horizontalement**[오리종탈망] [부] 수평으로, 가로로

intérieur / intérieure[앵테리외르]

[형] 안의, 내부의, 안쪽의, 국내의 ([남] 내부, 내장, 인테리어)

⇔ **extérieur**

lieu([복수]**lieux**)[리외]

[남] 장소

= **endroit**

milieu([복수]**milieux**)[밀리외]

[남] 중앙, 한가운데

* au milieu de ...(오 ~ 드) …의 중앙에.

place[플라스]

[여] 장소, 공간, 광장, 소정의 위치

* mise en place(미 장 ~) 설치, 준비.

→ **mettre**(26쪽), **endroit**

surface[쉬르파스]

[여] 표면

vertical([복수]**verticaux**) / **verticale**[베르티칼([복수]베르티코)/베르티칼]

[형] 수직의

⇒ **verticalement**[베르티칼망] [부] 수직으로, 똑바로

→ **droit**(44쪽)

기구

위생(관련 기구)

cadre [카드르]

balai[발레]
남 빗자루

balai à frange[발레 아 프랑주]
남 대걸레

balai-brosse[발레브로스]
남 덱 브러시

chiffon[시퐁]
남 걸레, 구겨진 옷
※ 영어의 chiffon은 프랑스어가 어원이지만, 의미는 다르다. 남루하다는 의미는 없어지고, 비단이나 나일론처럼 속이 비치는 투명한 얇은 천을 가리킨다(쉬폰 케이크chiffon cake[시폰 케이크](영)는 그 천처럼 가벼운 케이크라는 의미).

éponge[에퐁주]
여 스펀지, 수세미
→ éponger(20쪽)

lavette[라베트]
여 설거지용 브러시, 천 등
→ laver(25쪽)

lessive[레시브]
여 세제

poubelle[푸벨]
여 쓰레기통

sac[사크]
남 주머니

sac à poubelle, sac-poubelle
[사 카 푸벨, 사크푸벨]
남 쓰레기봉투

toile[투알]
여 직물, (면, 베의)천, 캔버스 천

torchon[토르숑]
남 걸레, 행주

틀

cadre[카드르]
남 카드르, 틀, 각이 있는 세르클
※ 밑바닥이 없는 각 틀.

cercle[세르클](→ 50쪽)
남 세르클
※ 밑바닥이 없는 링 모양의 틀.

cercle à entremets

[세르클 아 앙트르메]

남 앙트르메용의 세르클, 앙트르메 링

cercle à tarte [세르클 아 타르트]

남 타르트용의 세르클, 타르트 링

chablon [샤블롱]

남 가는 틀

※ 두꺼운 종이나 얇은 금속판에 형태를 잘라낸 판 모양의 얇은 틀. 랑그드샤**langue-de-chat**나 크로키뇰**croquignole** 등의 반죽을 얇은 형태로 만들기 위해 사용한다. 틀을 접시에 두고 위에서 반죽을 누른 다음 떼어낸다.

→ **langue-de-chat**(113쪽), **croquignole**(107쪽)

cercle, cercle à entremets [세르클], [세르클 아 앙트르메]

cercle à tarte [세르클 아 타르트]

dariole [다리올]

여 작고 둥근 틀, 다리올 틀

Flexipan

[플렉시판]

남 플렉시판(상표)

※ 실리콘 수지와 글라스 파이버제로, 탄력이 있고 반죽이 틀에서 잘 떨어진다. 버터를 바르거나 밀가루를 뿌리거나 하는 준비를 할 필요가 없다. 내냉, 내열성이 높고, 틀 째로 냉동하여 그대로 구울 수 있다.

gaufrier [고프리에]

남 와플 굽는 틀, 와플 굽는 기계

moule [물]

남 틀

→ **mouler**(27쪽), **démouler**(16쪽), **chemiser**(13쪽), **foncer**(21쪽)

moule à barquette

[물 아 바르케트]

남 작은 배 모양 틀

※ 길이 5~10cm의 작은 틀. 타르틀레트, 프티푸르 등에 쓰인다.

moule à bombe

[물 아 봉브]

남 포탄 모양 틀

chablon [샤블롱]

gaufrier [고프리에]

moule à brioche [물 아 브리오슈]

dariole [다리올]

moule à barquette [물 아 바르케트]

moule à cake [물 아 케크]

Flexipan [플렉시판]

moule à bombe [물 아 봉브]

moule à cannelé [물 아 카늘레]

※ 빙과용의 금속제 틀. **bombe**(포탄)의 형태를 닮았다고 하여 이름 붙여졌다. 실제로는 반구형이나 원추대형 등이 있다.
→ **bombe galcée**(99쪽), **pâte à bombe**(119쪽)

moule à brioche
[물 아 브리오슈]

남 브리오슈 틀
※ 입이 벌어진 속이 깊은 국화 틀로, 측면에는 10이나 12, 또는 14개의 홈이 있다. 브리오슈 반죽이 높게 잘 부풀고, 열이 잘 닿아서 측면이 잘 익는다.

moule à cake [물 아 케크]

남 파운드 틀

moule à cannelé [물 아 카늘레]

남 카늘레 틀
※ 작은 원통형의 틀로, 바닥부터 방사 모양에

moule à charlotte
[물 아 샤를로트]

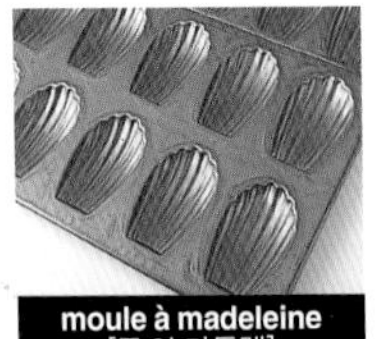

moule à madeleine
[물 아 마들렌]

moule à savarin
[물 아 사바랭]

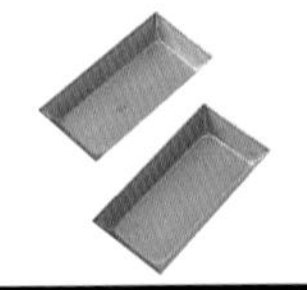

moule à financier
[물 아 피낭시에]

moule à manqué
[물 아 망케]

moule à soufflé
[물 아 수플레]

moule à kouglof
[물 아 쿠글로프]

moule à petits-fours
[물 아 프티푸르]

moule à tartelette
[물 아 타르틀레트]

국화 틀과 비슷한 홈이 있다. 전통적인 틀은 구리로 만들어져 두껍다.

→ **cannelé de Bordeaux**(102쪽)

moule à charlotte

[물 아 샤를로트]

남 샤를로트 틀

※ 크기는 다양하지만 일반적으로는 큰 편이며, 틀에서 뺄 때 잘 뒤집히도록 손잡이가 달려 있다. 뚜껑이 있는 것도 있다.

→ **charlotte**(102쪽)

moule à financier

[물 아 피낭시에]

남 피낭시에 틀

※ 프리앙 틀**friand**이라고도 한다.

→ **financier**(108쪽)

moule à kouglof

[물 아 쿠글로프]

남 쿠글로프 틀

※ 프랑스 북동부나 독일의 전통적인 틀. 원래는 도자기제로 알자스 지방의 것이 유명하다. 중앙에 구멍이 있고, 측면은 사선으로 비틀린 형태의 홈이 있다.

→ **kouglof**(113쪽)

moule à madeleine

[물 아 마들렌]

남 마들렌 틀

※ 가리비 형태의 틀.

→ madeleine(115쪽)

moule à manqué

[물 아 망케]

남 망케 틀

※ 망케는 스펀지케이크의 한 종류로, 원래는 그것을 굽기 위해 주둥이가 넓었던 원형 틀이다.

moule à petits-fours

[물 아 프티푸르]

남 프티푸르 틀

※한입에 먹을 수 있는 크기의 과자를 굽는 틀. 원형, 타원형, 삼각형, 사각형, 국화 형태 등 다양한 형태가 있다.

→ petit-four(121쪽)

moule à savarin

[물 아 사바랭]

남 사바랭 틀

※ 큰 틀은 링 모양, 작은 틀의 경우는 중앙에 틀의 절반 정도 높이의 돌기가 있고, 두 종류 모두 왕관형태로 구워진다.

→ savarin(125쪽)

moule à soufflé [물 아 수플레]

남 수플레 틀

※ 측면이 수직인 작은 틀의 원통형. 틀 째로 식탁에 올릴 수 있는 내열성 자기제가 자주 쓰인다. 수플레 외에, 푸딩 등을 뜨거운 물로 익힐 때에도 사용된다. 람캥ramequin은 작은 틀이다.

→ soufflé(126쪽)

moule à tartelette

[물 아 타르틀레트]

남 타르틀레트 틀

※ 직경 12cm 정도의 작은 타르트 틀.

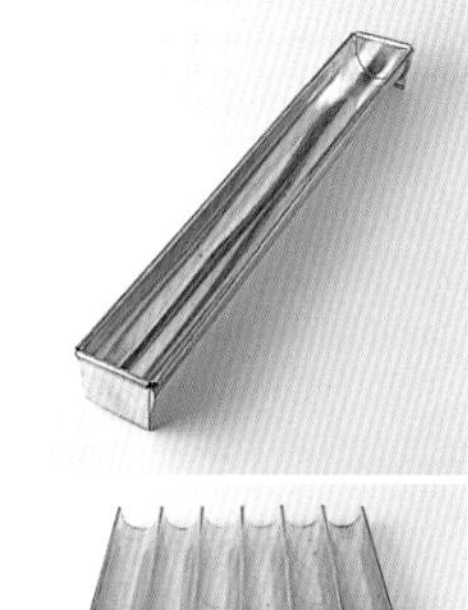

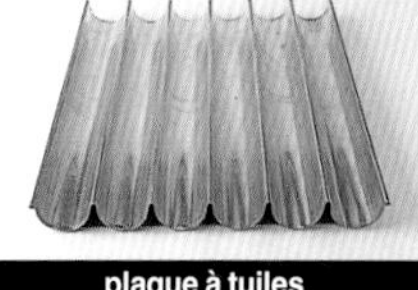

plaque à tuiles
[플라크 아 튈]

moule silicone

[물 실리콘]

남 실리콘 수지제 틀

P

plaque à tuiles

[플라크 아 튈]

여 튈 틀, 도요 틀, 도이 틀

※ 얇게 구워낸 반죽을 뜨거울 때 이 틀에 올려서 기와 모양으로 굴곡을 만든다.

= gouttière[구티에르] 여 받침 달린 빗물받이 통(사진 참조)

→ plaque(70쪽), tuile(128쪽)

R

ramequin [람캥]

남 람캥, 작은 수플레 틀

= moule à soufflé

terrine[테린]

여 1. 테린 틀
2. 테린 틀로 만든 요리, 과자
※ 고기나 생선의 파테를 만들 때 사용하는 내열성의 뚜껑이 달린 틀. 직사각형 외에 타원형도 있다. 제과에서는 부드러운 초콜릿 풍미의 반죽을 이 틀로 구운 것, 또는 직사각형의 틀에 과일 등을 층층이 채워서 젤리 액으로 굳힌 디저트의 모양을 테린이라고 부른다.
* terrine de fruits(~ 드 프뤼) 후르츠 테린.

terrine [테린]

timbale[탱발]

여 1. 탱발 틀(원통형의 굽는 틀, 얕고 평평한 틀)
2. 원통형 접기식 파이 반죽 케이스에 속을 채우는 요리나 과자

timbale [탱발]

trois-frères[트루아프레르]

남 트루아프레르 틀, 사선으로 뒤틀린 홈이 파인 링 틀
※ 트루아프레르는 삼형제라는 의미로, 19세기에 활약한 과자 장인인 줄리앙 삼형제를 가리킨다. 그들이 만든 구운 과자에 트루아프레르라는 이름이 붙었고, 그 과자를 만드는 전용 링 틀도 트루아프레르라고 부르게 되었다.
→ **Julien, Arthur, Auguste et Narcisse** (137쪽)

trois–frères [트루아프레르]

틀과 기구의 재질

acier[아시에]

남 강철

aluminium[알뤼미니옴]

남 알루미늄

anti-adhérent, anti-adhésif

[앙티아데랑, 앙티아데지프]

남 논 스틱 가공, 테플론 가공
※ 얇은 강철에 불소플라스틱을 붙어서 부착시킨 것. 기름을 두르지 않아도 재료가 달라붙지 않는다. 테플론Teflon, 티팔T-fal, 테팔Tefal 등은 상표.

bois[부아]
남 나무

caoutchouc[카우추]
남 고무

cuivre[퀴브르]
남 구리, 동

exopan [엑조판]
남 논 스틱 가공(테플론 가공)을 한 틀
※ '테플론'은 상표

fer[페르]
남 철

fer-blanc([복수]**fers-blancs**)
[페르블랑]
남 양철
※ 주석을 도금한 얇은 금속. 열전도가 좋다.

inox[이녹스]
남 스테인리스, 녹슬지 않는 금속
⇒ **inoxydable**[이녹시다블] 형 녹슬지 않은
남 스테인리스

plastique[플라스티크]
남 플라스틱

porcelaine[포르슬렌]
여 자기

porcelaine à feu[포르슬렌 아 푀]
여 내열자기

silicone [실리콘]
여 실리콘
→ **moule silicone**(53쪽), **papier silicone** (70쪽)

용기

assiette[아시에트]
여 접시, 한 접시

assiette à dessert[아시에트 아 데세르]
여 디저트 접시

assiette creuse[아시에트 크뢰즈]
여 움푹 파인 접시, 스프 접시
⇒ **creux**(단복동형) / **creuse**[크뢰/크뢰즈]
형 움푹 파인, 깊은

assiette plate[아시에트 플라트]
여 평평한 접시, 고기 접시
→ **plat**

bocal([복수]**bocaux**)[보칼([복수]보코)]
남 주둥이가 넓은 병
* griottes en bocal(그리오트 앙 ~) 그리오트로 채운 병.
→ **bouteille**

boîte[부아트]
여 상자, 캔, 통조림
* ananas en boîte(아나나(스) 앙 ~) 파인애플 통조림.
→ **conserve**(140쪽)

bol[볼]
남 화분, 사발

bonbonnière[봉보니에르]
여 봉보니에, 사탕 그릇
※ 유리, 도자기제 등이 있고, 뚜껑이 달려 있어서 장식으로 쓰인다.
→ **bonbon**(99쪽)

bouteille[부테유]
여 병
* une bouteille de vin(윈 ~ 드 뱅) 와인 1병 (=750ml).

compotier[콩포티에]

남 콩포트 그릇

※ 유리 또는 도기로 만들어진 받침 달린 접시. 콩포트나 아이스크림 등 차가운 디저트를 담는다. 대형 잔**coupe**.

→ **coupe**

coupe[쿠프]

여 1. 쿠프, 받침 달린 유리잔

2. 받침 달린 유리잔에 담은 디저트

* coupe glacée(~ 글라세) 받침 달린 글라스에 아이스크림이나 샤베트와 크림, 후르츠, 소스, 넛트 등을 풍성하게 담은 디저트. 흔히 파르페로 알려진 것.

flûte[플뤼트]

여 1. 플루트 잔, 샴페인 잔

2. 바게트보다 얇은 프랑스빵

panier[파니에]

남 바구니

* panier à friture(~ 아 프리튀르) 튀김망.

→ **friture**(92쪽)

planche[플랑슈]

여 판

plat[플라]

남 접시, 얕은 냄비

plat à gratin[플라 아 그라탱]

남 그라탱 접시

pot[포]

남 항아리

→ **pot de crème**(123쪽)

récipient[레시피앙]

남 용기, 그릇

table[타블]

여 테이블, 식탁

→ **tabler**(34쪽), **tablage**(34쪽 **tabler**)

tasse[타스]

여 손잡이 달린 컵, 사발

verre[베르]

남 유리잔, 컵

* verre à feu(~ 아 푀) 내열 유리잔.

설비

bamix(단복동형)[바믹스]

남 바믹스

※ 스틱 믹서**mixeur plongeant**의 상표. 1954년에 스위스에서 탄생한 핸디 타입 믹서의 원조.

broyeuse[브루아이외즈]

여 분쇄기, 그라인더가 달린 롤러

※ 이와 롤러로 넛트류 등을 분쇄하고, 분말이나 페이스트로 만드는 기계. 설탕에 버무린 아몬드를 갈아서 탕 푸르 탕**tant pour tant**을 만들거나 캐러멜을 입힌 아몬드를 갈아서 으깨어 플라리네 페이스트를 만든다. 용도에 맞게, 2개나 3개의 롤러 간격을 조정해서 분쇄하고 밑에 용기에 떨어트린다.

→ **broyer**(12쪽)

→ **tant pour tant**(127쪽)

congélateur[콩젤라퇴르]

남 냉동고, 냉각기

→ **congeler**(14쪽)

échelle[에셸]

여 오븐락, 보관용 랙

※ 오븐 플레이트에 늘어놓은 반죽을 한꺼번에 보관하거나 냉각기에 올린 제품을 식히거나 보관하기 위한 선반.

broyeuse [브루아이외즈]

congélateur [콩젤라퇴르]

étuve [에튀브]

échelle [에셸]

four [푸르]

étuve [에튀브]

여 배로(焙炉)

※ 주로 빵 반죽의 발효에 쓰이며, 온도나 습도를 일정하게 유지시키는 기기, 또는 방. 파트 드 프뤼**pâte de fruits**나 압축한 마카롱 반죽을 건조시킬 때 쓰이기도 한다.

→ **étuver**(20쪽)

four [푸르]

남 오븐, 가마

※ 일반적으로는 평가마를 가리킨다. 상자 모양의 굽는 곳 외에 열원(가스, 전기)이 있고, 뜨거워진 철판과 고온이 된 공기에서 간접적으로 제품에 열을 전달한다. 댐퍼(환기구)의 폐쇄로 차내의 습도와 기압을 조정할 수 있다.

four à micro-ondes

[푸르 아 미크로옹드]

[남] 전자레인지

※ 마이크로파(micro-onde [여])로 재료에 포함된 물의 분자를 진동시켜서 그 마찰로 인해 생긴 열로 가열한다.

four à micro-ondes [푸르 아 미크로옹드]

four à sol [푸르 아 솔]

[남] 평가마

four ventilé [푸르 방틸레]

[남] 컨벡션 오븐

※ 열풍을 팬으로 방사시키면서 가열하는 오븐. 보통 평가마보다 온도를 10~20℃ 낮게 설정해서 굽거나 굽는 시간을 짧게 설정한다. 평가마와 배로를 합친 타입이나 증기로 가열하는 것도 가능한 스팀 컨벡션 오븐four à convection도 있다.

⇒ ventiler[방틸레] [타] 환기하다, 공기를 통하게 하다

four ventilé [푸르 방틸레]

laminoir [라미누아르]

[남] 파이롤러

※ 전동 롤러로 끼워서 파이 반죽 등을 일정한 두께로 미는 기계.

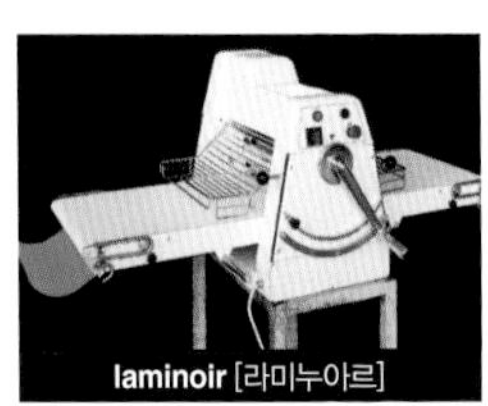
laminoir [라미누아르]

marbre [마르브르]

[남] 대리석, 마블

※ 열전도율이 낮기 때문에 초콜릿을 템퍼링할 때 적합하다.

→ tabler(34쪽)

marbre [마르브르]

mélangeur, batteur-mélangeur

[멜랑죄르, 바퇴르멜랑죄르]

[남] 제과용 믹서

※ 전동으로 회전하는 각종 날개(부속장치. 다음 페이지의 표를 참조)와 재료를 넣는 볼에서 완성된다. 날개의 형태를 바꿔서 섞기, 거품내기, 반죽하기 등 다양한 기능으로 대응한다.

→ mélanger(26쪽)

mélangeur, batteur-mélangeur[멜랑죄르, 바티르멜랑죄르]와 믹서의 부속장치 les accessoires de mélangeur

crochet[크로셰] ❶
남 훅 : 갈고리 형태
※ 빵 반죽 등 단단하고 끈기가 있는 반죽에 쓰인다.

feuille[푀유] ❷
여 팔레트, 비터 : 나뭇잎 모양
※ 공기를 주입하지 않고 섞을 때나 딱딱한 반죽을 한데 섞을 때 쓰인다.

fouet[푸에] ❸
남 휩퍼 : 거품기 형태
※ 재료에 공기가 들어가도록 섞을 때 사용한다.

mixeur[믹쇠르]
남 (요리용의) 믹서, 블렌더
* passer au mixeur[파세 오 ~] 믹서로 갈다.
→ **mixer**(26쪽), **passer**(28쪽)

mixeur plongeant
[믹쇠르 플롱장]
남 스틱믹서
※ 핸디타입의 믹서 겸 푸드 프로세서. 냄비나 볼 안에서 부수기, 섞기, (소량의 액체를) 거품 내기 등을 조작할 수 있다. **plongeant**은 동사 **plonger**(액체에 담그다, 푹 찌르다)의 현재분사.
→ **plonger**(29쪽)

Pacojet [파코제트]

Pacojet[파코제트] 📷
남 파코젯(상표), 냉동분쇄조리기
※ 냉동한 재료를 미세한 분말 상태로 가는 기계. 매우 잘게 갈 수 있기 때문에, 녹으면 더욱 부드러운 액체상태가 된다. 아이스크림을 소량 만들 때에도 이용할 수 있다.

planche de travail

[플랑슈 드 트라바유]

여 작업대, 면대

※ 대리석, 나무, 스테인리스 등 작업에 적합한 재질의 대를 사용한다.

réfrigérateur, frigo
[레프리제라퇴르, 프리고]

réfrigérateur, frigo

[레프리제라퇴르, 프리고]

남 냉장고

※ 5~10℃ 정도로 식품을 보존, 냉각하고 냉장보관하거나 반죽을 쉬게 할 때도 사용된다.

robot-coupe [로보쿠프]

남 로보쿠프, 푸드 프로세서

※ 상표 중 하나. 푸드 프로세서의 대명사라고 할 수 있다.

siphon [시퐁]

salamandre [살라망드르]

여 살라망드르

※ 문이 없는 상열식 오븐. 표면을 노릇하게 굽기 위해 사용한다.

siphon [시퐁]

남 사이펀

※ 액체에 가스를 주입해서 거품 상태로 분출시키는 기구. 보통은 거품이 나지 않는 과즙도 조금만 주입을 하면 볼륨 있는 거품 상태로 만들 수 있다. 만든 거품을 스페인어로 에스푸마 espuma라고 부른다.

surgélateur [쉬르젤라퇴르]

sorbétière, sorbetière

[소르베티에르, 소르브티에르]

여 셔벗, 아이스크림 제조기

surgélateur [쉬르젤라퇴르]

남 급속냉동고, 쇼크 프리저shock freezer

※ 식품의 질이 떨어지지 않게 하기 위해 중심까지 급속으로 냉각, 동결시킨 뒤, 영하 18℃ 이하로 보존할 수 있는 냉동고. 가열 직후에 급속으로 냉각(영상 90℃부터 영하 18℃까지)도 가능하다. 무스를 사용한 앙트르메

entremets의 완성품 등도 급속보존 가능.
→ surgeler(34쪽)

table[타블]
여 테이블, 식탁, 작업대
→ tabler(34쪽), tablage(34쪽, table)

turbine(à glace)[튀르빈(아 글라스)]
여 아이스크림 제조기
→ turbiner(35쪽)
= sorbétière

vitrine[비트린]
여 쇼케이스

재다

balance[발랑스]
여 저울
※ 재료의 중량을 계량할 때 사용한다.
⇒ balancer[발랑세] 타 저울에 재다
※ 무게를 '계량하다'는
→ peser(28쪽)

cuiller, cuillère[퀴예르]
여 숟가락, 계량스푼
※ 소량의 액체, 분말을 계량할 때 쓰인다.
⇒ cuiller(cuillère) à café[~ 아 카페] 작은술
⇒ cuiller(cuillère) à soupe(potage)[~ 아 수프(포타주)] 큰술
→ 부록 세는 방법(157쪽)

pèse-sirop[페즈시로]
남 당도계, 보메Baumé 비중계
※ 물에 녹은 설탕의 양(당도)을 비중으로 계측하는 기구. 단위는 보메도(度)degré Baumé로, sirop à 30° B[시로 아 트랑트 드그레 보

balance [발랑스]

cuiller, cuillère [퀴예르]

pèse-sirop [페즈시로]

메)(보메 30도의 시럽)과 같이 나타낸다.
→ 부록 도량형(155쪽)

réfractomètre [레프락토메트르]

남 굴절당도계, 굴절계, 브릭스계
※ 빛의 굴절률에 따라 시럽이나 과즙, (점도가 있는) 과일의 퓨레, 잼 등에 포함된 당도의 양을 정확히 계측할 수 있다. 단위는 브릭스도(度)**degré Brix**로, 증류수를 0브릭스도라고 하고, 액체에 대한 자당**sucrose**의 중량 퍼센티지를 나타낸다.
→ 부록 도량형(155쪽)

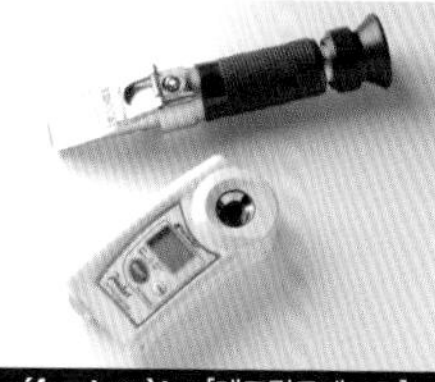
réfractomètre [레프락토메트르]

règle [레글]

여 자

thermomètre [테르모메트르]

남 온도계
※ 알코올 또는 수은온도계, 전자(디지털)계 외에도, 직접 닿지 않고 반죽의 표면 온도를 측정할 수 있는 적외선방사 온도계 등도 있다.
→ 부록 도량형(155쪽)

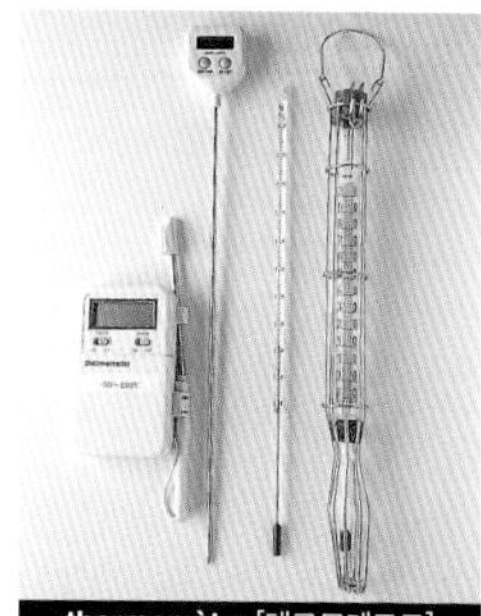
thermomètre [테르모메트르]

verre gradué, verre à mesure
[베르 그라뒤에, 베르 아 므쥐르]

남 계량컵
※ 액체의 용적을 계량할 때 사용한다. 1컵(200ml)의 ~라고 분량을 나타낼 때는
→ 부록 세는 방법(157쪽)

verre gradué, verre à mesure
[베르 그라뒤에, 베르 아 므쥐르]

자르다

ciseaux [시조] [복수]

[남] 가위

※ 단수형 ciseau일 경우에는 끌, 정을 뜻한다.

couteau([복수]**couteaux**) [쿠토]

[남] 칼, 나이프

couteau de chef [쿠토 드 셰프]

[남] 우도

※ 초콜릿을 썰거나 과일을 자를 때도 만능으로 쓸 수 있다.

couteau d'office [쿠토 도피스]

[남] 페티 나이프

※ 주로 과일에 사용된다.

couteau-scie [쿠토시]

[남] 톱니칼

※ 단단한 과자나 부서지기 쉬운 반죽 등을 자를 때 사용한다. scie〔시〕[여]는 톱을 뜻한다.

économe [에코놈]

[남] 껍질을 벗길 때 쓰는 나이프

※ 과일 껍질을 얇게 벗기는 데 편리하다.

planche à découper

[플랑슈 아 데쿠페]

[여] 도마

= tranchoir

→ découper(16쪽)

râpe à fromage

[라프 아 프로마주]

[여] 치즈 강판, 강판

※ 치즈를 갈 때 쓰는 기구. 밀감류의 껍질이나 너트 등을 갈 때도 쓰인다.

→ râper(30쪽)

tranchoir [트랑슈아르]

[남] 도마

= planche à découper

→ trancher(35쪽)

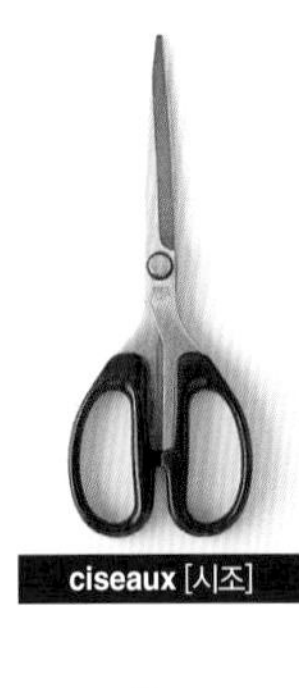

ciseaux [시조]

couteau de chef [쿠토 드 셰프]

couteau-scie [쿠토시]

couteau d'office [쿠토 도피스]

économe [에코놈]

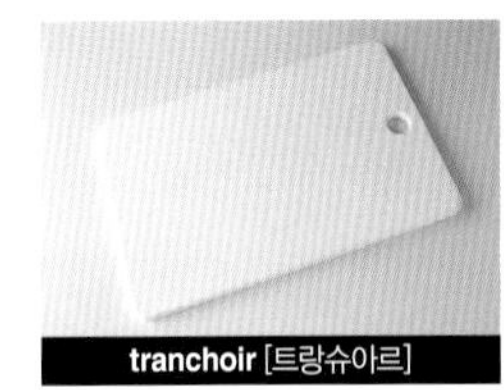

tranchoir [트랑슈아르]

섞다 · 끼우다

bassine [바신]

bassine à blanc
[바신 아 블랑]

bassine[바신]

예 볼

※ 플라스틱제en plastique(~ 앙 플라스티크), 스테인리스제en inox(~ 앙 이녹스) 등이 있다.

= bol, cul-de-poule

bassine à blanc

[바신 아 블랑]

예 구리로 만든 달걀흰자용 볼

= bassine en cuivre[바신 앙 퀴브르] 예

bol[볼]

남 사발, 화분, 볼

= bassine

corne[코른]

예 카드, 스크레이퍼, (청소용)닦거나 긁어낼 때 쓰는 주걱

※ 코르네는 일반적으로 뿔이나 초승달 형태를 가리키는 말이다. 플라스틱이나 실리콘제로 탄력이 있고, 반죽을 한데 섞거나 잘라서 섞기도 하고, 고르게 하거나 볼에 묻은 반죽을 모으는 등, 범용성이 있다. 작업대에서 페이스트 등을 섞을 때에도 사용한다. 금속제로 손잡이가 달린 것은 더욱 힘을 필요로 하는 작업에 사용된다.

= raclette

→ corner(15쪽)

cul-de-poule([복수]culs-de-poule)

[퀴드풀]

남 볼

※ 암탉의 엉덩이라는 의미로, 깊이가 있는 형태.

= bassine

fouet[푸에]

남 거품기

→ fouetter(22쪽)

fourchette[푸르셰트]

예 포크

pince[팽스]

예 집게, 끼우는 도구

→ pincer(28쪽)

pince à pâte[팽스 아 파트]

예 파이 집게

※ 성형한 파이 반죽의 테두리에 모양을 낼 때 사용한다.

raclette[라클레트]

예 카드, 스크레이퍼

※ 라클레트는 치즈의 이름이기도 하고, 그 치즈를 녹여서 감자 등에 얹어 먹는 요리 이름이기도 하다.

= corne

→ racler(30쪽)

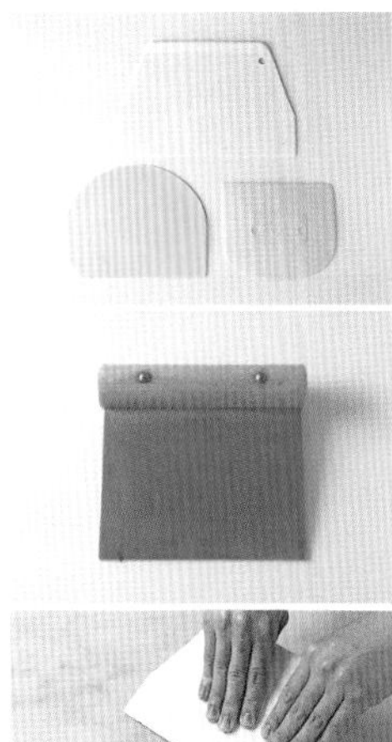

corne [코른]

fouet [푸에]

pince à pâte [팽스 아 파트]

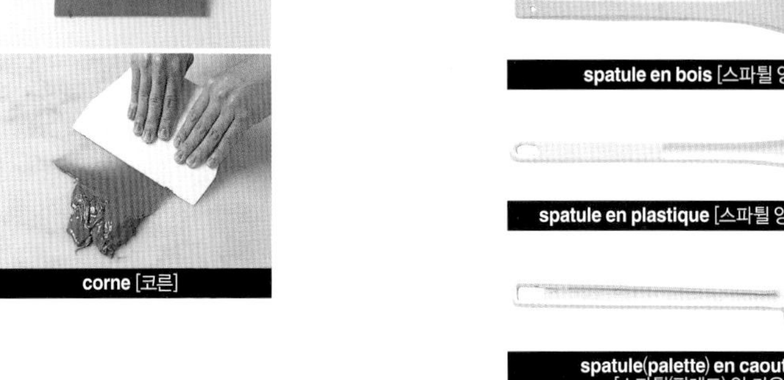

spatule en bois [스파튈 앙 부아]

spatule en plastique [스파튈 앙 플라스티크]

spatule(palette) en caoutchouc [스파튈(팔레트) 앙 카우추]

spatule, palette

[스파튈, 팔레트]

여 주걱

spatule en bois

[스파튈 앙 부아]

여 국자, 나무주걱

spatule en plastique

[스파튈 앙 플라스티크]

여 플라스틱제 주걱

spatule(palette) en caoutchouc

[스파튈(팔레트) 앙 카우추]

여 고무 주걱

※ **maryse**〔마리즈〕(고무 주걱의 상표)라고 불리기도 한다.

거르다

chinois(단복동형)[시누아]

남 시누아

※ 액체 상태의 것을 거르는데 적합한 원추형의 거름망. 스테인리스에 구멍이 난 것과 그물 형태의 것이 있다.

chinois [시누아]

étamine[에타민]

여 거름용 천

* chinois étamine[시누아 ~] 그물 모양으로 구멍이 촘촘한 거름망.

passoire[파수아르]

여 물기를 빼는 조리기구, 여과기

※ 거르는 부분이 반구형으로 구멍이 촘촘한 그물처럼 되어 있는 것.

→ passer(28쪽)

passoire [파수아르]

saupoudreuse, poudrette

[소푸드뢰즈, 푸드레트]

여 설탕 넣는 병, 소금/향신료를 넣는 병

※ 체처럼 잔뜩 구멍 난 부분으로 가루설탕을 뿌릴 수 있는 용기.

→ saupoudrer(33쪽), poudre(75쪽)

saupoudreuse, poudrette [소푸드뢰즈, 푸드레트]

tamis(단복동형)[타미]

남 거르는 체, 고운 체

→ tamiser(34쪽)

tamis [타미]

짜다 · 흘려보내다

cornet[코르네]

남 1. 종이 코르네

※ 삼각형으로 자른 종이(오븐페이퍼나 유산지 등)을 원뿔 모양으로 말아서 만든 짤주머니. 가는 선을 짜낼 때 사용한다.

* rouler la feuille de papier en cornet/réaliser un cornet[룰레 라 푀유 드 파피에 앙 ~/레알리제 욍 ~] 종이를 원뿔 모양으로 말아서 코르네를 만들다.

= cornet en papier[~ 앙 파피에]

2. 원뿔 모양 형태

3. 원뿔 모양의 과자, 디저트 등

※ 파이 반죽이나 랑그드샤langue-de-chat의 반죽 등으로 원뿔 모양 케이스를 만들고, 크림이나 과일을 채운 것.

douille[두유]

여 짤주머니에 끼우는 깍지

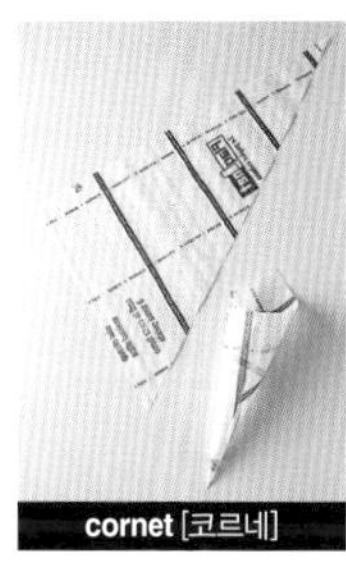
cornet [코르네]

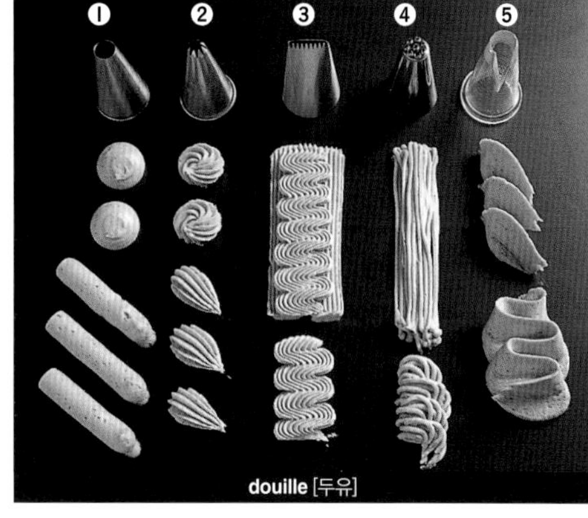

douille [두유]

entonnoir à couler, entonnoir à piston [앙토누아르 아 쿨레, 앙토누아르 아 피스통]

poche(à décor) [포슈(아 데코르)]

douille à bûche

[두유 아 뷔슈] 📷❸

예 한쪽만 모양이 있는 깍지

※ 폭이 넓은 깍지로 선 모양으로 짤 수 있다.

→ **bûche de Noël**(101쪽)

douille à mont-blanc

[두유 아 몽블랑] 📷❹

예 몽블랑용 깍지

→ **mont-blanc**(116쪽)

douille à saint-honoré

[두유 아 생토노레] 📷❺

예 생토노레용 깍지

→ **saint-honoré**(125쪽)

douille cannelée

[두유 카늘레] 📷❷

예 별모양 깍지

douille plate [두유 플라트]

예 평평한 깍지

→ **plat**(42쪽)

douille unie [두유 위니] 📷❶

예 동그란 깍지

entonnoir à couler, entonnoir à piston [앙토누아르 아 쿨레, 앙토누아르 아 피스통] 📷

남 디포지터**depositer**, 무스 디스펜서

※ 주입구에 마개가 있고, 짜는 액체의 양을 손으로 조절할 수 있는 깔때기.

→ **couler**(15쪽)

poche(à décor)

[포슈(아 데코르)] 📷

예 짤주머니

* poche à douille unie[~ 아 두유 위니] 동그란 깍지가 달린 짤주머니.

찌다 · 가열하다

bain-marie[뱅마리]
[남] 중탕, 중탕냄비

casserole[카스롤]
[여] 한손 냄비

chocolatière[쇼콜라티에르]
[여] 코코아 주전자

couvercle[쿠베르클]
[남] 뚜껑
* cuire à couvercle(퀴르 아 ~) 뚜껑을 닫고 찌다.

écumoire[에퀴무아르]
[여] 거품 떠내는 국자
※ 거품을 떠내거나 머랭을 만들 때, 럼 바바나 사바랭에 시럽을 뿌릴 때도 사용한다. 또한 머랭을 넣은 반죽을 섞을 때도 사용된다.
→ **écumer**

fourneau([복수] **fourneaux**)[푸르노]
[남] 레인지, 조리용 스토브
※ 상면은 철판으로 화구가 있고, 거기서 직화로 조리하는 것 외에, 철판 위에 냄비를 놓고 차분히 가열하는 것도 가능하다. 철판 밑에 오븐이 달려 있는 경우도 있고, 하부에 숯, 장작을 지펴서 전체를 가열한다. 현재는 가스를 열원으로 하는 것이 일반적이다.

louche[루슈]
[여] 식탁용 국자, 올챙이 모양 국자

marmite[마르미트]
[여] 통냄비, 마르미트
※ 통 모양으로 깊고 큰 양손 냄비.

poêle[푸알]
[여] 프라이팬
→ **poêler**(29쪽)

casserole [카스롤]

écumoire [에퀴무아르]

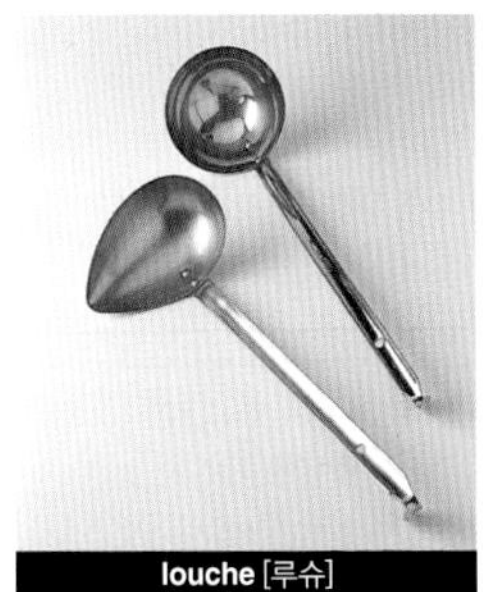
louche [루슈]

poêlon[푸알롱]
[남] 작은 한손 냄비
* poêlon à sucre(~ 아 쉬크르) 주둥이가 달린 사탕용의 작은 한손 냄비(동제).

sauteuse[소퇴즈]
[여] 소퇴즈
※ 주둥이가 넓게 퍼진 한손 냄비.

caraméliseur [카라멜리죄르]

grille [그리유]

chalumeau à gaz [샬뤼모 아 가즈]

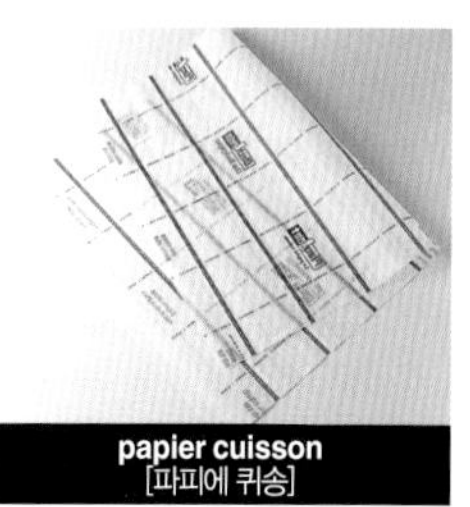
papier cuisson [파피에 퀴송]

굽다

caraméliseur [카라멜리죄르]

남 인두, 카라멜라이저
※ 전기로 가열하는 것과 직화로 가열하는 것이 있다.

chalumeau à gaz ([복수]chalumeaux à gaz) [샬뤼모 아 가즈]

남 가스 버너
※ 마무리 단계에서 표면을 살짝 노릇하게 구울 때나 냉동한 무스를 틀에서 빼기 쉽도록 틀을 따뜻하게 데울 때 사용한다.

gril [그릴]

남 그릴, 석쇠

grille [그리유]

여 케이크 쿨러
※ 오븐에서 꺼낸 반죽이나 과자를 식히기 위해 올리는 철제 받침대. 큰 직사각형이나 타르트 등을 올릴 만한 크기의 원형 제품도 있다.

noyaux de cuisson [누아요 드 퀴송]

남 타르트를 만들 때 쓰는 블라인드 베이킹용 중석, 타르트 스톤
※ 알루미늄 제품과 세라믹 제품이 있다.
= **billes de cuisson** [비유 드 퀴송] 여, **haricots de cuisson** [아리코 드 퀴송] 남

papier [파피에]

남 종이

papier absorbant [파피에 압소르방]

남 페이퍼 타올
⇒ **absorbant** 형 흡수력이 있다

papier cuisson [파피에 퀴송]

남 오븐페이퍼, 쿠킹페이퍼
※ 내유, 내수, 내열성이 있고, 반죽이 잘 떨어지도록 하는 종이. 표면에 실리콘 수지를 코팅한 것이 많다.

papier paraffiné [파피에 파라피네]

남 파라핀 종이

※ 납 또는 파라핀이 스며든 종이. 내수, 방습성은 있지만 장시간 가열하기에는 적합하지 않다.

papier silicone [파피에 실리콘]

남 실리콘 수지를 코팅한 종이

※ 열에 강하고 반죽이 잘 떨어진다. 또한 기름은 스며들지 않으면서 수증기는 적당한 정도에 날아간다.

papier sulfurisé

[파피에 쉴퓌리제]

남 황산지, 패치먼트 페이퍼

※ 반투명한 얇은 종이로, 실리콘 수지를 코팅한 오븐 페이퍼가 등장하기까지는 틀이나 플레이트에 까는 종이로 흔히 사용되었다. 종이의 코르네cornet로도 쓰인다. 통기성이 없고, 물, 기름도 통하지 않기 때문에 버터나 치즈 등의 포장에 사용된다. 종이를 황산에 담가서 세정, 건조한 것이다.

→ cornet(66쪽)

plaque [플라크]

여 플레이트, 오븐 플레이트plaque à four〔~ 아 푸르〕

→ plaque à tuiles(53쪽)

Silpat [실파트]

남 베이킹 시트tapis de cuisson의 상표

→ tapis de cuisson

tapis de cuisson

[타피 드 퀴송]

남 베이킹 시트

※ 실리콘 수지제로 고무와 같은 탄력이 있는 시트. 내냉, 내열로 박리성(剝離性)이 좋다. 계속 사용할 수 있다.

= Silpat

tourtière [투르티에르]

여 1. 원형의 오븐 플레이트, 철판

2. (바닥이 있는) 타르트 틀

plaque [플라크]

Silpat [실파트]

tourtière [투르티에르]

늘이다 · 빼다 · 바르다

cuiller à légume

[퀴예르 아 레귐]

여 과일 화채 스쿱

※ 채소나 과일을 작은 공 모양으로 도려낼 때 사용한다.

dénoyauteur [데누아요퇴르]

남 체리 씨앗 빼는 도구

→ noyau(84쪽)

cuiller à légume
[퀴예르 아 레귐]

emporte–pièce, découpoir
[앙토르트피에스, 데쿠푸아르]

palette coudée
[팔레트 쿠데]

dénoyauteur
[데누아요퇴르]

palette, couteau palette
[팔레트, 쿠토 팔레트]

palette triangle, palette triangulaire[팔레트 트리앙글, 팔레트 트리앙귈레트]

emporte-pièce, découpoir

[앙포르트피에스, 데쿠푸아르]

남 빼는 틀

→ découper(16쪽)

emporte-pièce cannelé ❶

[앙포르트피에스 카늘레]

남 빼는 틀(꽃모양)

emporte-pièce uni ❷

[앙포르트피에스 위니]

남 빼는 틀(스트레이트 = 원형)

palette, couteau palette

([복수]**couteaux palettes**)[팔레트]

여, [쿠토 팔레트] 남

팔레트 나이프, 스트레이트 스패출러(또는 일자형 스패출러)

※ 크림이나 반죽 등을 바르거나 넓힐 때 사용한다.

→ napper(27쪽)

palette coudée[팔레트 쿠데]

여 L자 스패출러

※ 손잡이 부분에 L자로 꺾인 스패출러. 오븐 플레이트나 틀에 부은 반죽을 고르게 할 때 사용한다.

palette triangle, palette triangulaire[팔레트 트리앙글, 팔레트 트리앙귈레르]

여 삼각 스패출러

※ 누가Nougat처럼 끈기가 있는 단단한 것을 섞거나 고르게 펼 때 사용한다.

peigne à décor

[페뉴 아 데코르]

남 빗

※ 플라스틱제나 금속제로, 들쭉날쭉하게 톱니 모양처럼 생긴 기구. 반죽이나 크림 등에 선 모양을 그을 때 사용한다. 삼각형으로 생긴 것은 삼각 카드라고 부르기도 한다. 필름에 초콜릿을 바르고 빗으로 선 모양으로 깎아서 굳히거나 꾸밀 때도 사용할 수 있다.

pic-vite [피크비트] 📷

남 피케롤러

※ 파이 반죽에 구울 때 나오는 증기를 뺄 구멍을 뚫는 기구.

pinceau([복수]pinceaux) [팽소] 📷

남 솔

※ 버터, 달걀, 시럽을 반죽이나 완성된 제품에 바를 때 사용한다.

사진 맨 왼쪽의 나일론 털은 가늘고 부드럽다. 중앙의 돼지털은 털이 빳빳해서 바르기 쉽다. 오른쪽 실리콘 고무제의 솔pinceau en silicone(~ 앙 실리콘)은 털이 빠질 걱정을 하지 않아도 되고 위생적이다.

→ beurrer(12쪽), dorer(17쪽), imbiber(24쪽)

rouleau([복수]rouleaux), rouleau à pâte([복수]rouleaux à pâte)

[룰로, 룰로 아 파트] 📷

남 밀대

→ rouler(32쪽), abaisser(11쪽)

rouleau à nougat([복수]rouleaux à nougat) [룰로 아 누가] 📷

남 누가용 밀대

rouleau cannelé([복수]rouleaux cannelés) [룰로 카늘레]

남 선 긋기용 밀대

※ 홈이 파인 밀대.

vide-pomme [비드폼] 📷

남 (사과와 같은 과일의) 심 빼기

vol-au-vent([복수]vols-au-vent)

[볼로방] 📷

남 모양 틀, 볼로방

※ 반죽 위에 놓고, 나이프를 틀의 테두리에 대고 잘라낼 때 사용한다.

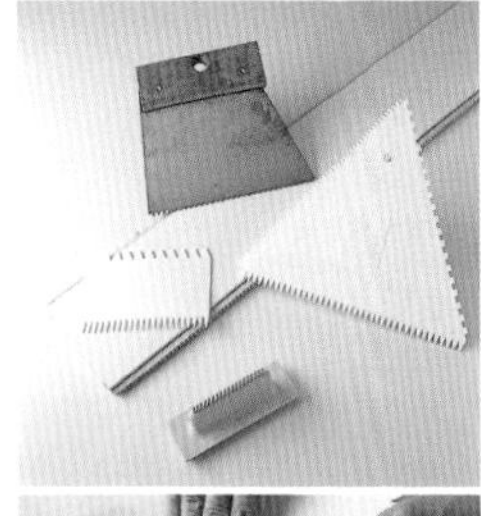

peigne à décor
[페뉴 아 데코르]

pic-vite [피크비트]

pinceau [팽소]

완성하다 · 꾸미다

caissette[케세트]
여 종이 케이스, 작은 상자

carton[카르통]
남 두꺼운 종이, 케이크 받침대
※ 케이크를 받칠 때 자주 쓰인다.

feuille d'aluminium
[푀유 달뤼미니옴]
여 알루미늄박, 알루미늄 포일
= **papier aluminium**

film de mousse[필름 드 무스]
남 무스 필름
※ 무스 등을 틀에서 빼내기 쉽도록 틀에 넣거나 형태를 보존하기 위해 무스 측면을 감싸는 투명하고 띠 모양의 얇은 폴리프로필렌 따위의 시트.

papier aluminium
[파피에 알뤼미니옴]
남 알루미늄박, 알루미늄 포일
→ **aluminium**(54쪽)

papier dentelle[파피에 당텔]
남 레이스 페이퍼
⇒ **dentelle** 여 레이스, 레이스 모양의 것

papier film[파피에 필름]
남 랩, 랩 필름

peigne à décor
→ 71쪽

pistolet[피스톨레]
남 스프레이 건
※ 마무리 단계에서 초콜릿(쿠베르튀르에 카카오 버터를 넣어서 유동성을 높인 것) 등을 세게 불거나(융단, 혹은 윤이 나는 질감이 완성된다), 세공, 공예 과자에 착색할 때 사용된다.
= **pulvérisateur**[퓔베리자퇴르] 남

rouleau, rouleau à pâte
[룰로, 룰로 아 파트]

rouleau à nougat[룰로 아 누가]

vide-pomme[비드폼]

vol-au-vent[볼로방]

rhodoïd[로도이드]
남 투명 필름
※ 원래는 셀룰로스가 원료인 수지(樹脂) 상표. OPP 시트(폴리프로필렌을 원재료로 해서 만든 필름 상태의 시트)나 무스 필름 등을 말하기도 한다.
→ **film de mousse**

재료

곡류 · 가루

amidon[아미동]
남 전분
※ 밀가루 등 땅 위로 열매를 맺는 부분에서 얻는 전분을 **amidon**, 땅 밑 줄기, 고구마에서 얻는 전분을 **fécule**라고 구별하는 원칙이 있지만 혼용되고 있다.
* amidon de blé(~ 드 블레) 정제한 밀가루, 밀가루 전분.
→ **fécule**

amidon de maïs[아미동 드 마이스]
남 콘스타치
= **fécule de maïs**[페퀼 드 마이스] 여

avoine[아부안]
여 귀리

blé[블레]
남 밀, 소맥

céréale[세레알]
여 곡류, 곡물

chapelure[샤플뤼르]
여 빵가루

crème de riz[크렘 드 리]
여 쌀가루
= **farine de riz**

farine[파린]
여 가루, 밀가루
* farine de blé(~ 드 블레), farine de froment(~ 드 프로망) 밀가루.
⇒ **froment** 남 밀, 소맥

farine complète
[파린 콩플레트]
여 전립분
※ 밀의 배아나 밀기울도 함께 간 가루. (형 **complet**[콩플레] / **complète**[콩플레트] 완전한)

farine d'avoine
[파린 다부안]
여 귀리 가루

farine de gruau
[파린 드 그뤼오]
여 단백질 양이 많은 밀가루
※ 단백질 함량에 따라서 강력분, 중력분, 박력분이라고 분류하는 것은 프랑스에 없기 때문에 대응하는 말도 없다. 그래서 일본에서는 강력분을 나타내는 말로 이렇게 표현하기도 한다. 또한 강력분을 **farin forte**〔파린 포르트〕(강한 밀가루라는 뜻), 박력분을 **farine faible**〔파린 페블〕(약한 밀가루) 또는 **farine ordinaire**〔파린 오르디네르〕(일반적인 밀가루)라고도 한다.

farine de riz[파린 드 리]
여 쌀가루
= **crème de riz**

farine de sarrasin
[파린 드 사라쟁]
여 메밀가루

farine de seigle
[파린 드 세글]
여 호밀가루

fécule[페퀼]
여 전분
* fécule de pommes de terre(~ 드 폼 드 테르) 감자 전분.

→ amidon

gruau([복수]**gruaux**)[그뤼오]

남 1. 곡물, 오트밀

2. 질 좋은 밀가루

※ 프랑스 밀가루 중 단백질의 함유량이 높고 질이 좋으며 정제도가 높은 밀가루를 말한다.

= farine de gruau

maïs(단복동형)[마이스]

남 옥수수

* farine de maïs(파린 드 ~) 옥수수 가루, amidon de maïs(아미동 드 ~) 콘스타치.

mie[미]

여 빵의 하얗고 부드러운 부분, 빵의 속살

* mie de pain(~ 드 팽) 빵의 속살, 생 빵가루.

* paine de mie(팽 드 ~) 식빵.

→ miette(116쪽)

millet[미예]

남 조류(수수, 메밀, 기장 등)

orge[오르주]

여 보리

→ sucre d'orge(126쪽)

poudre[푸드르]

여 가루, 분말

poudre à crème[푸드르 아 크렘]

여 커스터드 파우더

※ 콘스타치에 바닐라 향료, 착색료 등이 가미되어, 커스터드 크림을 손쉽게 만들 수 있는 믹스 가루.

riz[리]

남 쌀

* farine de riz(파린 드 ~) 쌀가루, amidon de riz(아미동 드 ~) 쌀 전분.

sarrasin[사라쟁]

남 메밀

seigle[세글]

남 호밀

semoule[스뮬]

여 1. 세몰리나semolina 가루(경질 밀가루)

2. 쿠스쿠스(쿠스쿠스couscous 요리에 쓰이는 알갱이 모양인 파스타의 일종)

→ sucre semoule(77쪽)

달걀

blanc d'œuf[블랑 되프]

남 흰자

blancs d'œufs séchés

[블랑 되 세셰] 통상 [복수]

남 건조한 흰자(분말)

→ sécher(→33쪽)

= poudre d'albumine[푸드르 달뷔민]

jaune d'œuf[존 되프]

남 노른자

œuf([복수]**œufs**)[외프([복수]외)]

남 달걀

* œuf dur(~ 뒤르) 완숙 달걀, œuf à la coque(~ 아 라 코크) 껍질이 붙어 있는 달걀, œuf mollet(~ 몰레) 반숙 달걀.

* œuf à la neige(외 아 라 네주) 플로팅 아일랜드 floating island(118쪽), œuf poché(~ 포셰) 수란.

œuf entier[외프 앙티에]

남 전란(全卵)

poudre de blanc d'œuf

[푸드르 드 블랑 되프]

남 건조한 흰자

= blancs d'œufs séchés

cassonade [카소나드]

betterave[베트라브]

여 첨채

※ 첨채 = 사탕무.

* sucre de bettrave(쉬크르 드 ~) 첨채당.

canne[칸]

여 사탕수수

※ 사탕수수 = 감자(甘蔗)

* sucre de canne(쉬크르 드 ~) 수수설탕.

mélasse [멜라스]

cassonade[카소나드]

여 조당

※ 사탕수수에서 추출한 것 중에서도 정제도가 낮은 흑설탕.

mélasse[멜라스]

여 당밀, 멀래시스Molasses

※ 제당공정에서 설탕의 결정을 추출하고 남은 부산물.

miel[미엘]

남 벌꿀

* miel de mille fleurs(~ 드 밀 플뢰르) 백화밀(여러 꽃들에서 추출된 꿀).

sucre en grains [쉬크르 앙 그랭]

sucre[쉬크르]

남 설탕

sucre candi[쉬크르 캉디]

남 정제 설탕

→ candir(13쪽)

sucre cristallisé[쉬크르 크리스탈리제]

남 굵은 설탕

sucre cuit[쉬크르 퀴]

남 졸인 설탕, 당액

※ 시럽이나 캐러멜, 사탕을 말한다.

sucre de cannelle

[쉬크르 드 카넬]

남 시나몬 슈거

= sucre à la cannelle[쉬크르 아 라 카넬]

sucre en grains

[쉬크르 앙 그랭]

남 우박설탕

→ chouquette(103쪽)

sucre en morceaux

[쉬크르 앙 모르소]

남 각설탕

* un morceau de sucre(욍 모르소 드 쉬크르) 각설탕 1개.

→ 부록 세는 방법(157쪽)

= sucre en cube[쉬크르 앙 퀴브]

vergeoise [베르주아즈]

sucre glace [쉬크르 글라스]
남 가루 설탕, 분당(粉糖), 슈가파우더

sucre granulé [쉬크르 그라뉠레]
남 (입자가 큰) 그래뉴당
→ **granuleux**(42쪽)

sucre roux [쉬크르 루]
남 비정제 설탕, 흑설탕, 브라운슈거
→ **roux**(40쪽)

sucre semoule [쉬크르 스물]
남 그래뉴당

sucre vanillé [쉬크르 바니예]
남 바닐라슈거
→ **vaniller**(36쪽)

vergeoise [베르주아즈]
여 첨채**betterave**로 만드는 흑설탕
※ 하얀 설탕인 결정을 추출하고 남은 당액에서 만들어지는, 플랑드르**Flandre** 지방의 설탕. 옅은 갈색의 **vergeoise blonde**〔~ 블롱드〕와 짙은 적갈색에 독특한 풍미가 강한 **vergeoise brune**〔~ 브륀〕이 있다. 이 설탕을 사용한 타르트 오 쉬크르**tarte au sucre**는 플랑드르 지방 특유의 과자이다.
→ **betterave**, **Flandre**(131쪽), **tarte au sucre**(127쪽)

과일 · 너트

abricot [아브리코]
남 애프리콧, 살구

abricotier [아브리코티에]
남 살구나무

acacia [아카시아]
남 아카시아
* miel d'acacia(미엘 다카시아) 아카시아 벌꿀.

agrume [아그륌]
남 감귤류, 밀감 종류의 식물

amande [아망드]
여 아몬드, 인(종자의 배젖과 배)
* amandes amères〔~ 아메르〕 비터 아몬드, essence d'amande〔에상스 다망드〕 아몬드 에센스, huile d'amande〔윌 다망드〕 아몬드 기름.
→ **pâte d'amndes**(120쪽), **pralin**, **praliné**, **praline**(이상 123쪽), **tant pour tant**(127쪽)
(품종에 대해서는 다음 페이지)

amande [아망드]
amande [아망드](생)

아몬드의 품종 les variétés d'amande

Aï[아이]

프랑스의 프로방스Provence 지방을 대표하는 전통 있는 품종. 알이 크고 굵다. 단맛이 강하다.

Avola[아볼라]

이탈리아의 품종. 매끈하고 편평한 모양. 드라제dragée 용으로 알려져 있다. 이탈리아에서는 Pizzuta d'Avola〔핏주타 다볼라〕(아볼라는 시칠리아의 마을 이름)라고 부른다.

Ferraduel[페라뒤엘]

예 프랑스에서 많이 생산하는 품종. 매끈하고 편평한 모양. 풍미가 좋고, 드라제 용으로 자주 쓰인다.

Ferragnès[페라녜]

예 튼실하고 생산성이 좋으며, 프랑스산 아몬드의 60%를 차지하는 품종. 단맛이 있고, 조금 매운 향도 난다.

Marcona[마르코나]

스페인 품종. 크기가 작은 편이고 편평한 모양이다. 풍미가 좋다. 프랑스에서는 누가Nougat를 만들 때 자주 사용한다.

Nonpareil[농파레유]

캘리포니아에서 많이 생산하는 품종. 길쭉하고 알이 크다. 알마다 풍미가 어느 것 하나 뒤지지 않고 일정하다. 프랑스에서 생긴 품종을 개량한 것이다. 영어로 읽으면 논퍼렐 nonpareil.

재료 과일·너트 Ⓐ

amandes brutes

[아망드 브뤼트]

예 껍질 있는 아몬드

→ brut(43쪽)

amandes concassées

[아망드 콩카세]

예 다진 아몬드

→ concasser(14쪽)

amandes effilées

[아망드 에필레]

예 슬라이스 아몬드

→ effiler(18쪽)

amandes en poudre

[아망드 앙 푸드르]

예 아몬드 파우더

= poudre d'amandes[푸드르 다망드]

amandes hachées[아망드 아셰]

예 아몬드 다이스, 분쇄한 아몬드

ananas(단복동형)[아나나(스)]

남 파인애플

angélique[앙젤리크]

예 안젤리카, 서양당귀

※ 설탕에 절인 것을 가리키기도 한다. 일본에서는 안젤리카라는 이름에 머위로 대용한 설탕절임도 가리킨다.

arachide[아라시드]

예 피넛

= cacahouète[카카웨트]

arbre[아르브르]

남 나무

aveline[아블린]
여 헤이즐넛
= **noisette**

avocat[아보카]
남 아보카도

avocatier[아보카티에]
남 아보카도 나무

baie[베]
여 장과(漿果)(장과 = 과즙, 과육이 많은 과실), 열매
* baie de genièvre(~ 드 즈니에브르) 노간주나무 열매, 주니퍼베리.

banane[바난]
여 바나나

bananier[바나니에]
남 바나나 나무, 바나나 운송선

bergamote[베르가모트]
여 1. 오렌지의 일종
※ 쓴맛이 매우 강해서 생으로 먹지 않고, 껍질에서 정유를 추출해서 향료로 이용한다. 홍차의 얼그레이는 이 오렌지의 정유로 가향한 것이다.
2. 베르가모트 사탕
→ **bergamote**(98쪽), **Nancy**(133쪽)

bigarreau([복수]**bigarreaux**)[비가로]
남 비가로, 스위트 체리
* bigarreaux confits(~ 콩피) 드레인 체리drained cherry(비가로라고 말하기도 한다).

bille[비유]
여 입자가 작은 장과(漿果→ **baie**), 구, 유리구슬

branche[브랑슈]
여 가지
→ 부록 세는 방법(157쪽)

brindille[브랭디유]
여 잔가지
→ 부록 세는 방법(157쪽)

bulbe[뷜브]
남 그루터기, 구근, 비늘줄기

cacao[카카오]
남 카카오 콩
→ **chocolat**(93쪽)

cacaoyer, cacaotier
[카카오예, 카카오티에]
남 카카오나무

cajou[카주]
남 캐슈넛
※ 캐슈 애플**pomme de cajou**(폼 드 카주)의 씨앗.
= **noix de cajou**

carambole[카랑볼]
여 스타 프루트

cassis(단복동형)[카시스]
남 카시스, 까막까치밥나무, 블랙커런트 **Blackcurrant**
* crème de cassis(크렘 드 ~) 카시스 술.

cerise[스리즈]
여 버찌, 체리

cerisier[스리지에]
남 버찌나무

chair[셰르]
여 과육, 고기나 생선의 살, 다진 고기

châtaigne[샤테뉴]
여 밤
※ 특히 껍데기 안에 2개 이상의 밤알이 생기는 종류의 밤을 가리킨다. 이와 관련하여 마론 **marron**은 1개의 껍데기에 밤알이 1개인 종류를 가리킨다.
→ **marron**

châtaignier[샤테니에]
[남] 밤나무

chêne[셴]
[남] 참나무과의 나무, 떡갈나무나 참나무 등

citron[시트롱]
[남] 레몬

citron vert[시트롱 베르]
[남] 라임. 그린 레몬, 녹색 레몬
= **lime**

citronnier[시트로니에]
[남] 레몬나무

clémentine[클레망틴]
[여] 클레멘타인
※ 만다린과 비터 오렌지의 교배종.

coco[코코]
[남] 코코넛, 야자수 열매
= **noix de coco**

cognassier[코냐시에]
[남] 마르멜로 나무(장미과 마르멜로류)

coing[쿠앵]
[남] 마르멜로 열매
→ **cognassier**, **cotignac**(104쪽)

coque
→ 104쪽, **coque 2.**

datte[다트]
[여] 대추야자 열매, 데이트

dattier[다티에]
[남] 대추야자 나무

fève [페브]

écorce[에코르스]
[여] 껍질, 감귤류의 껍질, 수피(樹皮)
※ 감귤류에서는 하얀 부분까지 포함한 껍질을 말한다. 이와 관련하여 제스트**zeste**는 색깔이 있는 표피만을 가리킨다.
* écorce d'orange confite(~ 도랑주 콩피트) 오렌지 필.
→ **zeste**

feuille[푀유]
[여] 나뭇잎, 얇은 판
→ [부록] 세는 방법(157쪽)

fève[페브] 📷
[여] 잠두콩, 페브(**galette des Rois**에 넣는 도자기 인형)
→ **galette des Rois**(111쪽), **fève de cacao**(93쪽)

figue[피그]
[여] 무화과

figuier[피기에]
[남] 무화과 나무

fleur[플뢰르]
[여] 꽃, 가장 좋은 부분
→ **fleur de sel**(95쪽, **sel**)

fraise[프레즈]
[여] 딸기

(품종에 대해서는 다음 페이지)

fraise des bois [프레즈 데 부아]

여 야생 딸기, 산딸기, 와일드 스트로베리

fraisier [프레지에]

남 1. (식물로서의) 딸기
2. 딸기를 사용한 과자 이름
→ fraisier(109쪽)

framboise [프랑부아즈]

여 나무딸기, 라즈베리

framboisier [프랑부아지에]

남 (식물로서의) 나무딸기(유럽 나무딸기)

fruit [프뤼]

남 과일
* fruit frais(~ 프레) 생과일.
* fruits rouges(~ 루주) 붉은 과일(라즈베리, 딸기, 붉은 베리 등 작고 붉은 알맹이의 베리류를 통칭하는 것).

fruit de la Passion

[프뤼 드 라 파시옹]

남 패션프루트, 백향과 열매(Passion은 기독교에서 말하는 '수난'의 의미)

fruit exotique

[프뤼 에그조티크]

남 외국 과일, 트로피칼푸르트.

fruit sec [프뤼 세크]

남 넛트, 드라이프루트, 건조 과실

G

goyave [고야브]

여 구아바, 번석류

grain [그랭]

남 낟알, 곡식, 씨앗
* poivre en grain(푸아브르 앙 ~) 통후추, grain de café(~ 드 카페) 커피 콩.
→ pépin

graine [그렌]

여 씨, 씨앗

딸기의 품종 les variétés de fraise

Gariguette [가리게트]

여 조생. 중형. 길쭉하다. 과육이 단단하다. 과즙이 많고 산미가 강하다. 향기롭다. 유럽의 주요품종으로 재배량이 많다.

Mara des Bois [마라 데 부아]

여 7월이 제철이다. 둥근 모양. 과육이 부드럽다. 산미가 나고 향기롭다. 야생 딸기와 풍미가 비슷하다.
→ fraise des bois

Senga Sengana [상가 상가나]

여 만생. 중형. 원추형. 과육이 단단하다. 과즙이 많고 달며, 사향 냄새가 난다. 잼과 같이 가공용으로 쓰인다.

fraise des bois [프레즈 데 부아]
※ 왼쪽은 평범한 딸기.

grenade [그르나드]

여 석류 열매

grenadier [그르나디에]

남 석류 나무

grenadine[그르나딘]
여 붉은 석류 시럽, 그레나딘 시럽

griotte[그리오트]
여 그리오트, 사워체리(산과앵도)

groseille[그로제유]
여 붉은 까치밥나무 열매, 레드커런트redcurrant

groseille [그로제유]

groseille à maquereau
[그로제유 아 마크로]
여 구즈베리
※ 까치밥나무열매(커런트)의 일종으로, 하얀 빛깔이 도는 녹색에 알맹이는 큰 편이다. 붉기나 지줏빛인 것도 있다.
⇒ maquereau 남 고등어

groseille à maquereau
[그로제유 아 마크로]

J

jus[쥐]
남 과즙, 육즙, 육수
* jus de cuisson(~ 드 퀴송) 졸인 국물.
* jus de fruit(~ 드 프뤼) 과즙, jus d'orange(~ 도랑주) 오렌지주스, 오렌지 착즙.

K

kiwi[키위]
남 키위

L

lime[림]
여 라임
= citron vert

litchi[리치]
남 여주

M

mandarine[망다린]
여 만다린 오렌지, 귤

mangue[망그]
여 망고

marron[마롱]
남 밤, 밤 열매
※ 하나의 껍질에 1개만 열매가 맺히는 알맹이가 큰 재배종의 밤.
→ châtaigne

marronnier[마로니에]
남 마로니에 나무, (알맹이가 큰 재배종의) 밤나무

melon[믈롱]
남 멜론
※ 수확 시기는 어느 품종도 6~9월이다.
(품종에 대해서는 다음 페이지)

merise[므리즈]
여 야생 버찌

mûre[뮈르]
여 블랙베리, 오디

mûrier[뮈리에]
남 뽕나무

muscat[뮈스카]
남 머스캣

myrtille[미르티유]
여 유럽의 블루베리, 월귤나무 또는 열매

nectar[넥타르]
남 꽃에서 나는 꿀, 넥타, 신주(마시면 불로불사가 된다는 신들의 술)

nectarine[넥타린]
여 넥타린, 천도복숭아
= **brugnon**[브뤼뇽] 남

nèfle[네플]
여 서양모과**nèflier**(장미과 서양모과에 속함)의 열매
※ 일본에서 일반적인 모과(장미과 명자나무에 속함)는 프랑스어로 **cognassier de Chine**〔코냐시에 드 신〕이라고 한다.

nèfle du Japon[네플 뒤 자퐁]
여 비파
※ 식물학적으로는 **nèfle**과 다른 종이지만 형태가 닮았다는 점에서 이렇게 이름 지어졌다.
= **bibace**[비바스]. 참고로 **bibacier**[비바시에]는 비파나무이다.

noisette[누아제트]
여 헤이즐넛, 개암 열매(형 개암 색깔의)
= **aveline**
→ **beurre noisette**(91쪽)

noix(단복동형)[누아]
여 호두, 호두가 큰 것, 너트류
* huile de noix〔윌 드 ~〕 호두기름.
* une noix de beurre〔윈 ~ 누아 드 뵈르〕 큰 호두알만 한 버터(버터 한 조각).

noix de cajou[누아 드 카주]
여 캐슈넛
= **cajou**

멜론의 품종 les variétés de melon

Galia[갈리아]
남 둥근 형태로 껍질에 그물코가 있고, 과육은 옅은 녹색이며 달고 향이 깊다.

Jaune Canari[존 카나리]
남 큰 타원형으로 그물코가 없고, 껍질은 노란색(카나리아 색)이다. 과육은 옅은 녹색. 달고 과즙이 많지만 향은 없다.

Vert Olive[베르 올리브]
남 큰 타원형으로 그물코가 없고, 껍질은 올리브색이다. 과육은 옅은 녹색이며 달고 아삭아삭한 식감이다.

Charentais[샤랑테]
남 ※ 프로방스 지방 카바용**Cavaillon**(130쪽)의 멜론으로 유명하다(**melon de Cavaillon**의 이름으로 수확된다).

그물코가 없는 샤랑테 리스 **Charentais lisse**와 그물코가 선명한 샤랑테 브로데**Charentais brodé**가 있다. 껍질은 옅은 녹색. 과육은 오렌지색이며 달다. 향이 좋고 무척 맛이 좋으나 보존성이 떨어진다.

noix de coco[누아 드 코코]
여 코코넛, 야자수 열매
※ 지방분이 풍부한 흰 배젖 부분을 사용한다.
* lait de noix de coco〔레 드 ~〕 코코넛 밀크, noix de coco râpée〔~ 라페〕 간 코코넛, 코코넛 플레이크.

noix de ginkgo[누아 드 쟁코]
여 은행

noix de macadam[누아 드 마카담]
여 마카다미아 너트

noix de pacane(pecan, pécan)[누아 드 페칸(페캉)]
여 피칸 너트

noix du Brésil[누아 뒤 브레질]
여 브라질 너트
※ 브라질에서 자라는 길쭉하고 큰 너트. 지방분이 풍부하다.

noyau([복수]noyaux)[누아요]
남 씨, 핵
※ 복숭아, 버찌, 살구 등의 씨(과실 중심에 씨가 1개인 것).
→ **grain**, **pépin**

orange[오랑주]
여 오렌지 (형 오렌지색의)
* orange sanguine(~ 상긴) 블러드 오렌지. écorce d'orange confite(에코르스 도랑주 콩피트) 오렌지 필, 오렌지 껍질 설탕절임.
* lever les segments des oranges(르베 레 세그망 데 조랑주) 오렌지 알맹이 하나를 떼어내다.
→ **segment**

oranger[오랑제]
남 오렌지 나무
→ **eau de fleur d'oranger**(88쪽)

pamplemousse[팡플르무스]
남 자몽
※ 원래 자몽은 **pomélo**이고, **pamplemousse**는 왕귤나무를 가리키지만 혼동하여 쓰이고 있다.

papaye[파파유]
여 파파야

pastèque[파스테크]
여 수박

patate[파타트]
여 고구마
= **patate douce**[~ 두스]

peau([복수]peaux)[포]
여 (사과, 배처럼 얇은) 껍질, 피부

pêche[페슈]
여 복숭아
* pêche de vigne(~ 드 비뉴) 과육이 붉은 복숭아의 품종.

pêcher[페셰]
남 복숭아 나무

pédoncule[페동퀼]
남 꽃자루, (딸기의) 꼭지
※ 각각의 꽃이 달리는 가느다란 가지를 화병(花柄), 또는 화경(花梗)이라고 한다.

pépin[페팽]
남 (과일의) 씨
※ 사과, 포도처럼 하나의 과실 안에 씨가 많은 것을 말한다. 1개밖에 없는 씨는 **noyau**. 곡식이나 커피콩, 종자계의 향신료에는 **grain**[그랭]을 사용한다. **graine**[그렌]은 종자 전반을 가리킨다.
→ **noyau**
* huile de pépins de raisin(윌 드 ~ 드 레쟁) 포도씨유.
* framboises pépins(프랑부아즈 ~) 씨가 들어간 프랑부아즈(라즈베리) 잼.

pétale[페탈]
남 꽃잎, 화판
* pétal de rose(~ 드 로즈) 장미 꽃잎.

pignon[피뇽]
남 잣(소나무 씨앗)

pistache[피스타슈]
여 피스타치오

plante [플랑트]
여 식물

poire [푸아르]
여 배(서양배)
※ 서양배에는 가을 배, 여름 배, 겨울 배가 있다.
(품종에 대해서는 하기 참조)

poirier [푸아리에]
남 배(서양배) 나무

pois(단복동형) [푸아]
남 콩, 완두콩

pollen [폴렌]
남 꽃가루

서양배의 품종 les variétés de poire

Beurré Hardy [뵈레 아르디]
(여로 여기는 경우가 많다)
가을 배. 중간 사이즈나 약간 큰 형태, 비뚤어진 형태. 껍질은 단단하고, 옅은 황록색에서 브론즈색의 중간인 황갈색. 과육은 부드럽고 과즙이 많으며 향이 좋고 달다.

Conférence [콩페랑스]
여 가을 배. 중간 사이즈로 매우 길쭉하다. 껍질은 녹색을 띤 노란색. 과육은 섬세한 맛으로 향이 좋고, 과즙이 많으며 가벼운 산미가 있다.

Doyenné du Comice
[두아예네 뒤 코미스]
여 가을 배. 큰 사이즈로 정리된 모양. 껍질은 상처 나기 쉬운 편이며, 옅은 노란색에서 황갈색. 과육은 하얗고 녹을 정도로 부드러우며 향이 좋다. 과즙이 풍부하고 달다.

Général Leclerc [제네랄 르클레르]
(남로 여기는 경우가 많다)
가을 배. 중간에서 큰 사이즈에 둥그런 형태. 껍질은 갈색. 과육은 부드럽고 단맛이 강하다. 씨앗이 없는 것도 있다.

Le Lectier [르 렉티에]
남 (Poire를 붙여서 여성명사가 되는 경우도 있다.)
1882년에 탄생한 오래된 품종. 11월 이후에 익는다. 큰 사이즈. 껍질은 익으면 브론즈색이 된다. 과육은 하얗고 부드러우며 맛있다. 과즙이 풍부하고 새콤달콤하며 향이 좋다.

Passe-Crassane
[파스크라산]
여 겨울 배. 둥글고 큰 사이즈. 껍질은 두꺼우며 황색을 띤 녹색으로 붉은 반점이 있고, 익으면 황갈색이 된다. 과육은 하얗고 살짝 까칠까칠하다. 과즙이 풍부하며 달다. 조금 산미가 있다.

(Poire) Williams
[(푸아르) 윌리암스]
남·여 (Poire를 붙여서 여성명사가 되는 경우가 많다)
Bon-chrétien Williams, Bartlett라고도 한다. 영국이 원산지. 여름 배. 큰 사이즈로 길쭉하다. 껍질은 대부분 황색. 과육은 부드럽고 달며 향이 깊다. 이 품종을 사용한 브랜디 'Poire Williams'가 유명하지만 생으로 먹는 것도 적합하다.

pomélo[포멜로]

남 자몽

※ **pomelo**라고도 표기한다.

→ **pamplemousse**

pomme[폼]

여 1. 사과 (품종에 대해서는 하기 참조)

* pomme verte(~ 아 뵈) 풋사과.

= **pomme fruit**[폼 프뤼]

2. 감자

= **pomme de terre**[폼 드 테르]

pommier[포미에]

남 사과나무

prune[프륀]

여 프룬, 서양자두

(품종에 대해서는 다음 페이지)

pruneau([복수]**pruneaux**)[프뤼노]

남 말린 자두, 프룬

* pruneau d'Agen(~ 다쟁) 아쟁Agen 지역의 말린 자두. 프랑스 남서부 아쟁의 명산품으로 과육이 두껍고 부드러우며 맛이 좋은 말린 자두로 유명하다.

(품종에 대해서는 다음 페이지)

prunier[프뤼니에]

남 자두나무

pulpe[퓔프]

여 과육, 과육을 퓨레로 만든 것(= **purée**)

사과의 품종 les variétés de pomme

Calville[칼빌]

여 오래된 품종. 껍질은 노란빛이 도는 녹색. 딸기와 비슷한 향이 나고 달며 은은하게 신맛이 난다.

Granny Smith[그라니 스미스]

여 만생으로 11~5월에 수확된다. 껍질은 녹색으로 하얀 반점이 있다. 과육은 단단하고 식감이 좋으며 과즙이 풍부하고 산미가 있다. 단맛은 중간 정도로 향이 약하다.

Reinette[레네트]

여 프랑스에서 생긴 품종군으로, 생산량은 적지만 인기가 있다. 산미가 있고 과자에 잘 사용된다. 또한 자잘한 품종으로 분류되어 있다.

Reine des Reinettes

[렌 데 레네트]

여 8~11월에 수확된다. 껍질은 황색으로 붉은 선이 들어가 있다. 과육은 하얗고 꽉 차 있으며 산미가 강하다. 향이 좋다.

Reinette grise du Canada

[레네트 그리즈 뒤 카나다]

여 10~5월에 수확된다. 울퉁불퉁한 모양이며 껍질은 녹빛(칙칙한 황갈색). 과육은 단단하고 과즙은 적은 편이다. 달고 매우 좋은 산미가 나며 향이 좋다.

※ 전통적인 품종은 생산량이 줄어들고, 골든 딜리셔스**Golden Delicious**나 조나골드 **Jonagold** 등 일본과 공통되는 품종도 상당수 재배되어 쓰이고 있다.

purée[퓌레]
여 퓌레. 과일의 과육을 으깨서 페이스트처럼 만든 것

racine[라신]
여 뿌리

raisin[레쟁]
남 포도

raisin sec[레쟁 세크]
남 건포도, 레이즌
* raisin de Californie(~ 드 칼리포르니) 캘리포니아 레이즌(주로 일반적인 흑갈색인 것을 말한다).

자두의 품종 les variétés de prune

mirabelle[미라벨]
여 로렌Lorraine(132쪽) 지방의 특산품. 작고 동그랗다. 껍질은 붉은 빛을 띤 노란색, 또는 일반 노란색이며, 과육도 노랗다. 이 자두로 만든 브랜디도 같은 이름으로 부른다. 메츠Metz(로렌 지역권의 중심 도시)의 미라벨은 껍질이 노랗고 불그스름하며, 낭시Nancy(133쪽)의 미라벨은 노란색으로 메츠에서 난 것보다 훨씬 크다.

prune d'Ente[프륀 당트]
여 프륀 다쟁prune d'Agen이라고도 부른다. 건자두로 가공되어, '프뤼노 다쟁pruneaux d'Agen'으로 유명하지만, 생으로 먹어도 무척 맛이 좋다(→ Agen 129쪽). 8월 중순이 수확 시기. 중간 사이즈로 껍질은 짙은 레드와인 색. 과육은 조금 녹색 빛이 도는 노란색. 과즙이 풍부하고 달다.

quetsche, questche[쿠에치, 케치]
여 알자스Alsace(129쪽)의 쿠에치라고도 부른다. 프랑스 동부의 특산품. 8월이 수확 시기. 중간 사이즈로 껍질은 검은색을 띠는 파랑으로, 빛의 밝기에 따라 불그스름해 보인다. 과육은 녹색빛이 도는 노란색. 과즙이 많고 산미가 있다. 이 자두로 만드는 브랜디도 쿠에치라고 말한다.

reine-claude[렌클로드]
여 대표적인 것은 7월 말이 수확시기이고, 알맹이가 큰 타원형으로 껍질은 적자색, 과육은 조금 녹색을 띠는 노란색. 향기가 좋고 무척 달다. 껍질이 녹색이거나 노란색인 품종도 있다.

건포도의 종류 les variétés de raisin sec

raisin de Corinthe
[레쟁 드 코랭트]
남 코린트 레이즌, 커런츠(씨 없는 건포도)
색이 짙고, 알이 작은 것을 말린 건포도. 산미가 있다.

raisin de Málaga
[레쟁 드 말라가]
남 말라가 레이즌
알이 크며 적자색. 머스캣 향이 있는 건포도
→ mendiant(115쪽)

raisin de Smyrne[레쟁 드 스미른]
남 알이 작고 투명감이 있는 황금색으로, 머스캣 향이 나는 건포도.

sultanine[쉴타닌]
남 톰슨 시들러드Thompson seedless 종의 포도를 건조시킨 것. 하얀 그런 계열로 과자에도 자주 사용된다.

rhubarbe[뤼바르브]

rhubarbe [뤼바르브]

[여] 식용 대황
※ 마디풀과. 붉은 빛이 도는 녹색의 잎꼭지에 상쾌한 산미가 있고, 줄기를 잼이나 콩포트로 만들어서 먹는다. 생약이나 염료에 사용되는 대황의 친구라 할 수 있다.

sapin[사팽]
[남] 전나무
* sapin de Noël(~ 드 노엘) 크리스마스 트리.
* miel de sapin(미엘 드 ~) 전나무 벌꿀(감로꿀).

segment[세그망]
[남] 오렌지 등의 한 알, 절편
→ **orange**, **quartier**(143쪽)

tige[티주]
[여] 줄기

végétal([복수]**végétaux**)
[베제탈([복수]베제토)]
[남] 식물(주로 복수형으로 쓰인다)
([형] **végétal**[복수] **végétaux** / **végétal** 식물의, 식물성의)
* huile végétale(윌 ~) 식물성 기름.

vigne[비뉴]
[여] 포도나무, 포도밭

zeste[제스트]
[남] (감귤류의) 외피, 표피
※ 색깔이 있는 겉 부분을 가리킨다.
* zeste de citron(~ 드 시트롱) 레몬 표피.
→ **écorce**

향초 · 향신료 외

aneth[아네트]
[남] 딜

anis(단복동형)[아니(스)]
[남] 아니스
* faux anis(포 자니) 딜. (faux [형] 가짜의)

anis étoilé[아니 제투알레]
[남] 팔각, 스타아니스

cannelle[카넬]
[여] 시나몬, 계피, 육계껍질
* bâton de cannelle(바통 드 ~) 시나몬 스틱.

cerfeuil[세르푀유]
[남] 세르푀유(처빌)
※ 미나리과 향초. 풍미가 온화하고 형태나 색이 아름다워서 생과자를 장식할 때 쓰인다.

clou de girofle[클루 드 지로플]
[남] 정향나무, 클로브
= **girofle**

coriandre[코리앙드르]
[여] 코리앤더, 향채(상차이)

eau de fleur d'oranger
[오 드 플뢰르 도랑제]
[여] 오렌지 플라워 워터, 오렌지 꽃물
※ 오렌지 꽃을 증류하여 만든 에센스
→ **navette**(117쪽)

épice[에피스]
[여]향신료, 스파이스
* quatre-épices(카트레피스) 후추, 너트메그, 시나몬, 클로브 분말을 한데 섞은 믹스 스파이스.
→ pain d'épice(118쪽)

gingembre[쟁장브르]
[남]생강, 진저

girofle[지로플]
[남]정향나무, 클로브
= clou de girofle

gousse[구스]
[여](콩 등의) 껍질, 한 조각
* gousse de vanille(~ 드 바니유) 바닐라 껍질
→ [부록]세는 방법(157쪽)

herbe[에르브]
[여]풀, 초본, 허브

lavande[라방드]
[여]라벤더

menthe[망트]
[여]박하, 민트

moutarde[무타르드]
[여]머스터드, 겨자

muscade[뮈스카드]
[여]너트메그, 육두구

poivre[푸아브르]
[남]후추, 페퍼

réglisse[레글리스]
[여]감초, 리코리스
※ 콩과 다년초. 뿌리에 설탕의 10배인 단 물질이 포함되어 있어 감미료로 쓰인다. 유럽에서는 리코리스 맛의 사탕이 인기를 끌고 있다.

safran[사프랑]
[남]사프란

thym[탱]
[남]타임

vanille[바니유]
[여]바닐라
* gousse de vanille(구스 드 ~) 바닐라 껍질, 바닐라 빈즈. extrait de vanille(엑스트레 드 ~) 바닐라의 엑스트랙(추출액), 바닐라 에센스, 바닐라 엑기스.

술 · 음료

alcool[알콜]
[남]알코올, 알코올음료

anisette[아니제트]
[여]아니스 술

armagnac[아르마냐크]
[남]아르마냐크
※ 프랑스 남서부의 아르마냐크Armagnac 지방에서 생산되는 브랜디.

bénédictine[베네딕틴]
[여]베네딕틴 술, 각종 향신료나 허브로 향을 낸 호박색의 술
※ 베네딕트회Bénédictine의 수도사가 만들기 시작했다.

bière[비에르]
[여]맥주

boisson[부아송]
[여]마실 것, 음료

café[카페]
[남] 1. 커피
* café au lait(~ 오 레) 카페오레.
2. (커피나 홍차, 알코올류 등의 마실 것과 가벼운 식사를 제공하는 가게인) 카페

café soluble[카페 솔뤼블]
[남]인스턴트커피
※ soluble는 '녹다'라는 의미의 형용사이다.

calvados[칼바도스]

남 애플 브랜디, 사과를 발효시킨 시드르주 **cidre**를 증류하여 만든 브랜디

※ 노르망디**Normandie** 지방 칼바도스 **Calvados** 현의 특산품.

→ **cidre, Normandie**(133쪽)

champagne[샹파뉴]

남 샴페인, 샹파뉴**Champagne** 지방에서 만들어진 발포성 와인

→ **Champagne**(130쪽)

chartreuse[샤르트뢰즈]

여 각종 향신료와 허브로 향을 낸 녹색 술

※ 샤르트뢰즈회 수도원(**La Grande-Charteuse**)에서 만들어졌기 때문에 이러한 이름이 생겼다.

cidre[시드르]

남 시드르주, 애플와인

※ 노르망디**Normandie** 지방의 특산품으로, 사과를 발효시켜서 만든 발포성 양조주.

→ **Normandie**(133쪽), **calvados**

cognac[코냐크]

남 코냑

※ 코냑**Cognac** 지방에서 생산되는 브랜디.

Cointreau[쿠앵트로]

남 쿠앵트로, 오렌지로 만든 술

※ 화이트 큐라소의 상표.

→ **curaçao**

crème de cassis[크렘 드 카시스]

여 카시스(까막까치밥)로 만든 술

curaçao[퀴라소]

남 오렌지로 만든 술

※ 무색투명한 화이트 큐라소**curaçao blanc**〔~ 블랑〕와 호박색의 오렌지 큐라소**curaçao orange**〔~ 오랑주〕, 착색한 블루 큐라소 **curaçao bleu**〔~ 블뢰〕 등이 있다.

eau[오]

여 물

* eau chaude〔~ 쇼드〕, eau bouillante〔~ 부양트〕 열탕, eau tiède〔~ 티에드〕 미온수, eau froide〔~ 프루아드〕 냉수.

→ **bouillant**(43쪽), **tiède**(47쪽), **froid**(45쪽)

eau-de-vie[오드비]

여 브랜디(와인으로 만드는 증류주)

eau (minérale) gazeuse

[오 (미네랄) 가죄즈]

여 탄산 미네랄워터, 발포성 물

⇔ **eau (minérale) plate**[오 (미네랄) 플라트] 탄산이 안 들어간 미네랄워터.

→ **plat**(42쪽)

eau minérale[오 미네랄]

여 미네랄워터

Grand Marnier[그랑 마르니에]

남 그랑 마르니에, 오렌지로 만든 술

※ 마르니에

= 라포스톨사의 오렌지 큐라소 상표. 오렌지와 코냑으로 만든다.

→ **curaçao**

infusion[앵퓌지옹]

여 **1.** 허브티, 달인 물

2. 앙퓨전(당도가 낮고, 과일 엑기스분이 많은 술)

* infusion de framboise〔~ 드 프랑부아즈〕 프랑부아즈 술.

→ **infuser**(24쪽)

kirsch[키르슈]

남 키르슈, 키르슈바서

※ 버찌로 만든 무색투명한 브랜디. 일본에서는 수입관세를 낮추기 위해 설탕을 넣어 만든 제품도 팔리고 있다.

liqueur[리쾨르]

여 술

※ 증류주에 과일이나 향신료, 향초 등으로 풍미를 살리고 단맛을 더해 만든 혼합주.

madère[마데르]

남 마디라 주
※ 포르투갈령 마디라 섬에서 생산되는 달콤한 와인.

marasquin[마라스캥]

남 마라스키노 체리 브랜디

pastis(단복동형)[파스티스]

남 리코리스(감초), 아니스 등으로 향을 낸 술
⇒ Ricard[리카르], 51[생캉테욍]은 대표적인 파스티스의 상표.

porto[포르토]

남 포르트 주, 포트와인
※ 포르투갈 산지인 달콤한 와인.

rhum[롬]

남 럼주

thé[테]

남 차, 홍차

thé vert[테 베르]

남 녹차, 일본차, 말차

tisane[티잔]

여 허브티

Triple sec[트리플 세크]

남 오렌지로 만든 술
※ 화이트 큐라소의 상표.
→ curaçao, triple(144쪽)

vin[뱅]

남 와인
* vin rouge(~ 루주) 레드와인, vin blanc(~ 블랑) 화이트와인.

유제품

babeurre[바뵈르]

남 버터밀크
※ 생크림에서 버터를 추출하고 남은 액체. 풍미가 좋아서 제과에 자주 쓰인다.

beurre[뵈르]

남 버터
* beurre demi-sel(~ 드미셀) 소금기가 적은 버터, beurre salé(~ 살레)유염 버터, beurre doux(~ 두) 무염 버터(소금을 넣지 않은 버터).

beurre clarifié[뵈르 클라리피에]

남 정제 버터
※ 버터를 녹인 뒤 거품과 찌꺼기를 걷어내어 맑게 한 것.
→ clarifier(14쪽)

beurre fondu[뵈르 퐁뒤]

남 녹인 버터
→ fondu(45쪽)

beurre noisette[뵈르 누아제트]

남 태운 버터
※ 개암나무 색처럼 태운 버터.

caillé[카예]

남 커드curd, 응유
※ 우유를 응유효소나 식초로 응고시킨 상태. 그대로 프레시 치즈로 사용하기도 한다.

chèvre[셰브르]

남 염소 치즈, 슈브르치즈
= fromage de chèvre(프로마주 드 ~)
여 (암컷) 염소

crème[크렘]

여 1. 생크림, 크림
* crème double(~ 두블) 유지방분이 높은 생크림.
* ... à la crème(아 라 ~) 크림이 들어간, 크림소스로 익힌.
2. 과자용 크림
3. 앙트르메entremets 크림

4. 퓌레 상태의 포타주, 크림스프
5. 달고 진한 술
* crème de cacao(~ 드 카카오) 카카오 술.

crème aigre[크렘 에그르]
남 사워크림
* 프랑스에는 없는 크림의 종류.
→ acide(39쪽)

crème épaisse[크렘 에페스]
여 발효 크림
※ 유산균으로 발효시킨 생크림. 사워크림 정도로 산미는 아니며 독특한 풍미와 감칠맛이 있다. 반고체 상태.

crème fleurette[크렘 플뢰레트]
여 액체상태 크림
※ 발효시키지 않은 생크림.
= crème liquide[크렘 리키드]

crème fraîche[크렘 프레슈]
여 생크림, 크림
※ 프랑스 크림의 규격으로 이 말은 사용되지 않지만 통상적으로 crème fleurette를 이렇게 부르기도 한다.

fromage[프로마주]
남 치즈. 치즈 틀에 넣고 성형한 요리, 과자

fromage blanc[프로마주 블랑]
남 '하얀 치즈'라는 의미. 숙성시키지 않은 프레시 치즈의 한 종류
→ fromage frais

fromage fondu
[프로마주 퐁뒤]
남 프로세스 치즈

fromage frais[프로마주 프레]
남 프레시 치즈
※ 유산균을 발효만 시키고 숙성시키지는 않은 치즈. 프로마주 블랑fromage blanc, 코티지 치즈cottage cheese나 크림치즈 등과 비슷하다.

lait[레]
남 우유, 우유 상태
* café au lait(카페 오 ~) 카페오레, lait d'amande (~ 다망드) 아몬드 밀크.
→ laitier(142쪽)

lait concentré[레 콩상트레]
남 연유, 농축된 무가당 연유
→ concentrer(14쪽)

lait écrémé[레 에크레메]
남 탈지유

lait écrémé en poudre
[레 에크레메 앙 푸드르]
남 탈지분유

lait en poudre[레 앙 푸드르]
남 전지분유

persillé[페르시예]
남 블루치즈, 푸른곰팡이 치즈
= bleu(40쪽)

petit lait[프티 레]
남 유청, 훼이whey

yaourt[야우르]
남 요구르트

유지방

friture[프리튀르]
여 튀김, 튀김 기름

graisse[그레스]
여 유지, 지방
* graisse végétale(~ 베제탈) 식물성 지방, 쇼트닝([영어]), graisse animale(~ 아니말) 동물성 지방.

huile[윌]
여 오일, 기름
* huile d'olive(~ 돌리브) 올리브유.

margarine[마가린]
여 마가린

saindoux[생두]
남 라드lard, 돼지 기름

cabosse [카보스]

초콜릿

ballotin[발로탱]
남 봉봉 쇼콜라를 넣은 상자
※ 1915년 벨기에의 초콜릿 가게 '노이하우스Neuhaus'의 3대째인 장 노이하우스가 고안했다.
→ bonbon au chocolat(100쪽)

beurre de cacao[뵈르 드 카카오]
남 카카오 버터, 카카오 기름

cabosse[카보스]
여 카카오포드, 카카오 열매(초콜릿은 이 열매의 종자 = 카카오 콩으로 만든다)

cacao[카카오]
남 카카오
→ poudre de cacao

chocolat[쇼콜라]
남 초콜릿, 코코아, 핫 초콜릿
* chocolat de laboratoire(~ 드 라보라투아르), chocolat à cuire(~ 아 퀴르) 제과용 초콜릿(카카오 성분이 커버처보다 낮고, 반죽에 넣거나 가나슈 등의 크림에 쓰인다).
→ couverture

chocolat amer[쇼콜라 아메르]
남 비터 초콜릿
→ amer(39쪽)

chocolat au lait[쇼콜라 오 레]
남 밀크초콜릿
= chocolat lacté(쇼콜라 락테)

chocolat blanc[쇼콜라 블랑]
남 화이트 초콜릿
= chocolat ivoire(쇼콜라 이부아르)

couverture[쿠베르튀르]
여 커버처, 카카오 버터의 비율이 높고, 유동성이 좋은 제과용 초콜릿(총 카카오 성분도 높으며 풍미도 뛰어난 초콜릿)
* 스위트 타입 : couverture noire(~ 누아르)(검은 커버처), couverture foncée(~ 퐁세)(색이 짙은 커버처) 등.
* 밀크 타입 : couverture au lait(~ 오 레), couverture lacté(~ 락테).
* 화이트 타입 : couverture blanche(~ 블랑슈), couverture ivoire(~ 이부아르).

fève de cacao[페브 드 카카오]
여 카카오 콩
= grain de cacao

gianduja[잔두자, 잔두야]
남 (잔두야, 지안두자라고도 표기한다)설탕, 카카오(32% 이상), 로스팅한 헤이즐넛(20~40%)을 섞어서 페이스트로 만든 것

glaçage chocolat
[글라사주 쇼콜라]
남 초콜릿 풍미로 코팅한 표면
※ 초콜릿이나 코코아에 물, 우유, 생크림 등의 수분을 넣어 물엿이나 젤라틴으로 농도를 조정해서 만든다. 시판용도 있다. 특히 윤이 나는 마무리 단계를 미루아르 쇼콜라miroir chocolat라고 부르기도 한다.

grain de cacao[그랭 드 카카오]
남 카카오 콩

grué de cacao[그뤼에 드 카카오]
남 볶아서 빻은 카카오 콩, 카카오닙

miroir chocolat[미루아르 쇼콜라]
남 초콜릿 풍미의 마무리
※ 부드럽게 굳히고, 거울 면처럼 윤이 나도록 마무리하는 제품. 또는 그러한 방법을 사용한 케이크를 가리키기도 한다.
→ miroir(142쪽)

pailleté chocolat[파유테 쇼콜라]
남 초콜릿 플레이크
→ pailleté(46쪽)

pâte à glacer[파타 글라세]
여 파타 글라세, 코팅용 초콜릿
※ 잘 늘어나도록 식물성 유지방을 넣은 초콜릿. 템퍼링을 하지 않아도 깔끔하게 굳는다.

pâte de cacao[파트 드 카카오]
여 카카오 매스

poudre de cacao[푸드르 드 카카오]
여 카카오 파우더
= cacao en poudre〔카카오 앙 푸드르〕

tablette de chocolat
[타블레트 드 쇼콜라]
여 판 초콜릿
※ 타블렛이란 정제(납작하고 동그란 형태)를 가리키기도 한다(코인 형태의 커버처도 타블렛이라고 한다).
= plaque de chocolat[플라크 드 쇼콜라]

théobromine[테오브로민]
여 카카오 콩에 포함된 알칼로이드alkaloid의 한 종류

조미료 · 첨가물

acide citrique
[아시드 시트리크]
남 구연산
→ acide(39쪽)

additif alimentaire
[아디티프 알리망테르]
남 식품첨가물
→ alimentaire(43쪽)

agar-agar[아가르아가르]
남 한천

assaisonnement[아세존망]
남 양념, 조미료, 향신료
→ assaisonner(12쪽)

bicarbonate de soude
[비카르보나트 드 수드]
남 베이킹소다, 탄산수소나트륨

carraghénane[카라게난]
남 카라기닌
※ 홍조류에서 추출하여 만드는 응고제.

colorant[콜로랑]
남 착색료, 색소
※ 일반 과자용의 수성인 것, 초콜릿용의 유성인 것도 있다.
* colorant rouge(~ 루주) 식용 홍색 물감.
→ colorer(14쪽)

conservateur[콩세르바퇴르]
남 보존료
→ conserver(14쪽)

crème de tartre[크렘 드 타르트르]
여 타르타르 크림, 주석산수소칼륨
※ 달걀흰자 등을 거품 내기 위한 기포제, 안정제이며, 당액의 결정화를 막는 역할로 사탕을 만들 때 자주 쓰인다.

émulsifiant [에뮐시피앙]

남 유화제

※ 레시틴 등 물과 기름을 유화시킨 물질.

→ **émulsionner**(19쪽)

essence [에상스]

여 에센스, 추출물. 수용성 향료

※ 향기성분을 알코올에 녹인 것. 물에 잘 녹지만 가열하면 휘발하여 향을 잃기 쉽다.

* essence de citron(~ 드 시트롱) 레몬 에센스.

extrait [엑스트레]

남 엑스트랙트, 엑기스

※ 천연 향기성분을 용제(알코올)로 추출하고 여과한 액체. 일반적으로 에센스라고 부르는 것보다 더욱 농축된 것을 말한다.

* extrait de vanille(~ 드 바니유) 바닐라 엑스트랙트, 바닐라 에센스.

gélatine [젤라틴]

여 젤라틴

※ 젤리, 무스 등을 굳힐 때 쓰는 응고제.

* feuille de gélatine(푀유 드 ~) 판 젤라틴, gélatine en poudre(~ 앙 푸드르) 가루 젤라틴.

gélifiant [젤리피앙]

남 응고제, 겔화제

⇒ **gélifier** [젤리피에] 타 겔화하다

glucose [글뤼코즈]

남 글루코스, 포도당, 물엿

* glucose atomisé(~ 아토미제) 분말 물엿(물엿을 분무atmiser 건조한 것).

gomme arabique [곰 아라비크]

여 아라비아고무

※ 증점제. 윤을 내는 용도로 사용한다.

levain [르뱅]

남 효모, 누룩

* levain naturel(~ 나튀렐) 자연발효, 천연효모.

levure [르뷔르]

여 이스트, 효모

levure chimique [르뷔르 시미크]

여 베이킹파우더, 화학 효모

levure sèche [르뷔르 세슈]

여 드라이 이스트

oxyde de titane

[옥시드 드 티탄]

남 산화티타늄

※ 백색의 착색료로 드라제**dragée**, 초콜릿, 사탕을 만들 때 등에 쓰인다.

parfum [파르퓡]

남 향료, 방향

→ **parfumer**(28쪽)

pectine [펙틴]

여 펙틴

※ 잼 등에 쓰이는 응고제.

sel [셀]

남 소금

* gros sel(그로 ~) 굵은 소금, sel fin(~ 팽) 정제염, fleur de sel(플뢰르 드 ~) 꽃소금(바닷물로 만드는 소금으로, 염전의 표면에 생기는 순도 높은 결정을 모은 것).

stabilisateur [스타빌리자퇴르]

남 안정제

※ 설탕의 재결정, 이수를 막아주며, 유화를 돕는 작용을 하는 각종 첨가물.

sucre inverti [쉬크르 앵베르티]

남 전화당

※ 자당을 산 또는 효소를 사용하여 포도당과 과당으로 분해한 것. 보습성이 있다.

tréhalose [트레알로즈]

남 트레할로스

※ 트레하**TOREHA**라는 상표로 팔리고 있다. 보수, 보습력이 매우 높은 당으로, 감미료로서 쓰이는 것 외에도 품질유지, 식감개선 등의 첨가물로서도 쓰이고 있다.

trimoline[트리몰린]

여 트리몰린

※ 전화당의 상표.

→ **sucre inverti**

Vidofix[비도픽스]

남 안정제(증점제)의 상표. 완두콩의 한 종류인 구아콩으로 만든다. 구아검**Guar Gum**을 베이스로 한 것으로 아이스크림, 휘핑크림 등의 이수를 막아준다. 유화제로도 사용한다.

Vitpris[비트프리]

남 잼용 응고제 상표

※ 덱스트로스**dextrose**, 과일에 들어 있는 펙틴과 구연산을 배합한 것.

과자 · 반죽과 크림 · 부재료

abaisse[아베스]

여 1. 얇게 편 반죽

2. 다 구운 제누와즈를 가로로 2장 또는 3장으로 얇게 자른 것

→ **abaisser**(11쪽)

Agneau Pascal[아뇨 파스칼]

남 부활절**Pâques**의 어린양

※ 알자스**Alsace** 지방에서 부활절 일요일에 조식으로 먹는 과자. 비스킷 반죽을 도자기제 틀에 어린양의 형태로 굽고 설탕가루를 뿌린 것.

→ **Pâques**(161쪽 부록 행사), **Alsace**(129쪽)

allumette[알뤼메트]

여 1. 알뤼메트

※ 푀이타주**feuilletage**에 글라스 루아얄**glace royale**을 발라서 구운 직사각형의 작은 과자.

→ **glace royale**

2. 성냥

amandine[아망딘]

여 아몬드 크림을 채워서 구운 타르틀레트 **tartelette**

※ 표면에 아몬드 슬라이스를 한 면에 뿌려서 굽고, 애프리콧 잼으로 마무리한다.

appareil[아파레유]

남 1. (과자를 만드는 공정에서) 여러 종류의 재료를 한데 섞은 것. 종, 반죽(특히 유동성이 높은 것을 말하는 경우가 많다)

* appareil à flan[~ 아 플랑] 플랑 아파레유, 푸딩 종류, 반죽.

2. 기계

* appareil ménager[~ 메나제] 가전(전자레인지나 청소기 등. 형 가전의).

Agneau Pascal [아뇨 파스칼]

baba[바바]

남 건포도를 넣은 발효 반죽을 다리올**dariole** 틀에 굽고, 럼주를 넣은 시럽에 담근 과자. 아라비안나이트의 주인공인 알리바바와 연관 지어서 이름 붙여진 것으로 일컬어진다.

→ **savarin**, **dariole**(50쪽)

barbe à papa[바르브 아 파파]

여 솜사탕, 바바파파

※ '아빠(파파)의 머리카락'이라는 뜻.

barre fourrée chocolatée

[바르 푸레 쇼콜라테]

여 초콜릿 바, 누가**Nougat**나 너트 등을 초콜릿으로 코팅한 초콜릿 과자

bavarois[바바루아]

남 바바르와, 바바루아

※ 크렘 앙글레즈**crème anglaise**에 거품을 낸 생크림을 넣고 젤라틴으로 굳힌 차가운 디저트. 과일 퓌레나 커피, 초콜릿 등을 넣어서 다양한 풍미를 더한다.

형 **bavarois** / **bavaroise**[바바루아/바바루아즈] 바이에른의, 바바리아의

※ 바이에른은 뮌헨을 중심으로 한 독일의 주(州) 이름.

beignet [베녜]

남 튀김 요리

* 과일 베녜(과일에 튀김옷을 입혀서 튀긴 디저트. 튀김옷은 밀가루, 달걀노른자, 설탕을 섞어서 베이킹파우더, 머랭 등을 넣어 가볍게 튀기듯이 만든 것이나 발효 반죽 등. 프로방스에서는 제비꽃이나 아카시아 꽃도 베녜로 만든다).

berawecka, berewecke [베라베카]

berawecka, berewecke

[베라베카]

남 (알자스어) 크리스마스부터 신년에 걸쳐 먹는 알자스**Alsace** 지방의 전통과자. 서양배로 만든 빵을 뜻한다.

※ 밀가루, 이스트(전통적으로는 맥주 효모), 시나몬이나 너트메그 등의 향신료, 소금, 소량의 물로 발효 반죽을 만들고, 서양배를 비롯해 다양한 건조 과일, 너트, 설탕에 절인 과일(키르슈바서Kirschwasser로 풍미를 더한 것)을 많이 섞어서 막대 모양으로 굽는다.

→ **Alsace**(129쪽)

bergamote [베르가모트]

bergamote [베르가모트]

여 **1.** 베르가모트 사탕

※ 하기의 베르가모트 오렌지 향을 첨가한 사탕. 낭시의 베르가모트**bergamote de Nancy**〔~ 드 낭시〕가 유명하다(사진).

2. 오렌지의 한 종류

→ **bergamote**(79쪽), **Nancy**(133쪽)

berlingot [베를랭고]

berlingot [베를랭고]

남 피라미드 모양의 사탕

※ 민트를 넣어 초록색으로, 또는 과일을 넣어서 붉은색이나 노란색을 만든다. 다양한 색깔의 투명한 사탕 반죽과 공기가 내포된 하얗고 불투명한 사탕 반죽을 한 뭉치로 잡고 늘어뜨린 다음, 다시 가느다란 막대 모양으로 만들어 전용 기구로 자른다. 프랑스 남부의 카르팡트라스**Carpentras**, 루아르**Loire** 강 유역의 낭트**Nantes**, 캉**Caen** 등의 지역에서 명물이다.

bichon au citron

[비숑 오 시트]

남 비숑, 레몬 풍미의 파이

※ 쇼송**Chausson**의 한 종류로, 패스추리 반죽에 레몬 풍미의 크림을 채워서 굽고 표면을 카라멜리제**caraméliser**한 것.

→ **chausson**, **caraméliser**(13쪽)

biscuit [비스퀴]

남 비스퀴, 스펀지케이크

※ 거품을 낸 달걀, 설탕, 밀가루로 만든 폭신하고 가벼운 케이크의 총칭. 베이킹파우더로 부풀린 구운 과자도 포함해서 말하는 경우도 있다. 원래는 [두 번 **bis**, 구운**cuit**]이라는 의

미로, 마른 빵과 같은 보존하기 좋은 빵을 가리켰다.

* pâte à biscuit(파타 ~) 비스킷 반죽(머랭을 더한 별립법 스펀지 반죽을 가리켜서 사용하는 경우가 많다).

* biscuit roulé(~ 룰레) 비스킷 룰레(시트 모양으로 구운 비스퀴로 만든 롤 케이크).

biscuit à la cuiller (cuillère)

[비스퀴 아 라 퀴예르]

남 핑거 비스퀴

※ 가느다랗고 작은 막대 모양을 만들고, 표면에 설탕을 뿌려서 바삭하게 구운 가벼운 비스퀴. 짤주머니가 발명되기 전에 스푼**cuiller**으로 모양을 만들었다는 것에서 유래된 이름이다.

→ **cuiller**(61쪽)

biscuit de Reims

[비스퀴 드 랭스]

남 랭스**Reims**의 비스퀴

※ 샹파뉴**Champagne** 지방인 랭스의 명물. 직사각형으로 설탕이 뿌려져 있고, 바삭하며 가볍다. 핑크색으로 색을 입혀서 바닐라 향을 더한 비스퀴가 사랑받고 있다.

= **biscuit rose**

→ **Reims**(134쪽)

biscuit de Savoie

[비스퀴 드 사부아]

남 사부아**Savoie**의 비스퀴

※ 높이가 있는 원통형으로 윗면이 봉긋하고 울퉁불퉁한 모양의 틀로 굽는다. 달걀의 비율이 높으며, 거품을 많이 내거나 밀가루의 일부를 콘스타치로 바꿔서 부드럽고 폭신하게 만든다. 14세기에 사부아 지방에서 만들어진 것으로 알려져 있다.

→ **Savoie**(134쪽)

biscuit glacé [비스퀴 글라세]

남 비스퀴 등의 스펀지 반죽에 파르페**parfait**나 아이스크림을 조합한 앙트르메**Entremets**. 아이스크림 케이크

→ **parfait**

biscuit Joconde

[비스퀴 조콩드]

남 비스퀴 조콩드

※ 아몬드파우더, 버터를 더해 깊이가 있는 스펀지케이크. 오페라**Opéra**나 생마르크**Saint-Marc** 등에 쓰이며 용도가 넓다. 조콩드는 레오나르도 다빈치가 그린 초상화 모나리자를 말한다.

* pâte à biscuit Joconde(파타 ~) 비스퀴 조콩드의 반죽.

→ **Opéra, Saint-Marc**

biscuit rose [비스퀴 로즈]

여 핑크색 비스퀴

= **biscuit de Reims**

blanc-manger [블랑망제]

남 블랑망제('하얀 음식'이라는 뜻)

※ 아몬드밀크(아몬드를 갈아서 짜낸 액체)에 단맛을 더해 젤라틴으로 굳힌 차가운 디저트. 현재는 우유에 아몬드 향을 입힌 것을 사용하는 경우가 많다.

→ **manger**(26쪽)

blini(s) [블리니(스)]

남 블리니, 블리니스, 메밀가루로 만든 팬케이크

※ 캐비아를 얹어서 먹는 작은 팬케이크.

bombe glacée [봉브 글라세]

여 봉브 글라세. 봉브(포탄의 의미)라고 불리는 반구형의 틀로 성형한 빙과

※ 봉브 틀에 셔벗이나 아이스크림을 넣고 틀 안쪽 전체에 달라붙도록 꽉 채워서 중앙을 우묵하게 만들고, 그 안에 파타 봉브**pâte à bombe**를 부어서 얼린 것.

→ **pâte à bombe, moule à bombe**(50쪽)

bonbon [봉봉]

남 캔디, 봉봉

※ 당과(설탕을 주원료로 한 과자)의 주요한 것을 이렇게 부른다.

→ **bonbon à la liqueur, bonbon au chocolat, bonbonnière**(55쪽)

bonbon à la liqueur

[봉봉 아 라 리쾨르]

남 리큐어 봉봉

※ 과포화 시럽에 알코올 도수가 높은 술을 섞어서 콘스타치로 만든 우묵한 반죽에 붓고 굳힌 것. 굳으면 설탕이 결정화되어 껍데기(피막)가 생기고, 안에 액체 상태의 술이 남는다. 초콜릿으로 코팅해서 봉봉 오 쇼콜라**bonbon au chocolat**로 만들기도 한다.

bonbon à la liqueur [봉봉 아 라 리쾨르]

bonbon au chocolat

[봉봉 오 쇼콜라]

남 초콜릿을 주재료로 하는 작은 당과

※ 설탕을 주재료로 한 콩피즈리**confiserie**와는 다른 분야로 취급된다. 원래는 초콜릿 전문 장인이 만들고 기본적으로 과자점(파티스리)과는 별개의 전문점**chocolaterie**에서 판매한다. 센터**intérieur**(내부)를 커버처로 코팅한 것으로, 속에는 가나슈, 누가틴**nougatine** 등 식감이 있는 것, 프랄리네**praliné**나 파트 다망드**pâte d'amande**와 같은 페이스트 상태인 것, 크림이나 무스 상태인 것, 퐁당**fondant**에 술로 향을 입힌 반 액체 상태, 리큐어 봉봉과 같은 액체 상태인 것 등 변주는 무궁무진하다.

→ **chocolaterie, confiserie**(이상 140쪽), **enrober**(19쪽), **tempérer**(34쪽), **tremper**(35쪽)

= **bonbon de chocolat**[봉봉 드 쇼콜라]

bostock [보스토크]

bostock [보스토크]

남 원통형으로 구운 브리오슈를 슬라이스하여, 표면에 아몬드 크림을 바르고 아몬드 슬라이스를 뿌려서 다시 구운 과자(마무리로 설탕가루를 뿌린다)

→ **brioche**

bouchée [부셰]

bouchée [부셰]

여 한입에 먹을 수 있는 과자. 부셰, 소형 파이

※ 푀이타주의 케이스에 채워 넣은 1인분 크기의 과자나 요리.

* bouchée aux fruits(~ 오 프뤼) 과일 부셰(사진).

⇒ **bouche**[부슈] 여 (인간의) 입. 한입

bouchée au chocolat

[부셰 오 쇼콜라]

여 한입 크기의 초콜릿 과자

※ 크기나 형태는 다양하지만 대체로 봉봉 오 쇼콜라의 3배 정도의 크기인 것을 말한다. 봉봉 오 쇼콜라와 동일한 센터를 코팅한 것, 커버처를 틀에 얇게 부어서 굳히고, 안을 채운 다음 커버처로 뚜껑을 만든 것, 작은 종이 케이스에 담아서 완성한 것, 트뤼프**truffe** 등.

→ **bonbon au chocolat, truffe**

Bourdaloue [부르달루]

남 부르달루풍

※ 파리의 부르달루 거리rue Bourdaloue에서 유래되었다.

* tarte Bourdaloue[타르트 ~] 서양배와 아몬드 크림을 채워 넣은 타르트(사진).

tarte Bourdaloue [타르트 부르달루]

brioche [브리오슈]

여 브리오슈

※ 달걀, 버터를 많이 배합한 발효 반죽을 구운 것. 일요일 아침 대용으로, 과자와 같이 근사한 빵.

* brioche à tête[~ 아 테트] 머리가 달린 브리오슈(눈사람 형태의 브리오슈), brioche de Nanterre[~ 드 낭테르] 식빵 형태의 브리오슈(Nanterre는 파리 근교, 오드센Hauts-de-Seine 도의 도청소재지).

bugne [뷔뉴]

bûche de Noël [뷔슈 드 노엘]

여 장작 모양의 크리스마스 케이크

※ 크리스마스 장작이라는 의미. 전통적인 것은 롤 케이크에 커피나 초콜릿 풍미의 버터크림으로 나뭇가지를 본떠 데코레이션을 하고 머랭으로 만든 버섯으로 장식한다.

→ **Noël**(160쪽 부록 행사)

calisson [칼리송]

bugne [뷔뉴]

여 리옹Lyon에서 카니발을 할 때 먹는 튀긴 과자. 발효 반죽을 얇게 늘여서 나뭇잎 형태로 만들거나 길쭉하게 잘라서 비틀어 튀긴다.

→ **Lyon**(132쪽), **Carnaval**(161쪽 부록 행사), **merveille**

cake [케크]

남 과일 케이크, 파운드케이크

※ 영어의 **cake**[케이크]에서 차용. 프랑스에서는 주로 말린 과일이 들어간 버터 반죽을 파운드케이크 틀에 구운 것을 가리킨다.

calisson [칼리송]

남 칼리송

※ 몇 cm 길이의 작은 배 모양으로, 표면을 윤이 나는 하얀 설탕 옷으로 덮은 부드러운 당과. 아몬드와 과일(메론, 오렌지 등)의 설탕절임을 다져서 시럽을 넣고 섞은 뒤 틀에 채워 굳힌 것. 엑상프로방스Aix-en-Provence의 명물.

→ **Aix-en-Provence**(129쪽), **treize desserts**

cannelé de Bordeaux

[카늘레 드 보르도]

남 보르도Bordeaux의 카늘레

※ 카늘레cannelé는 '홈이 있는'이라는 의미이다. 전용 틀에 밀랍을 바르고, 밀가루, 설탕, 달걀, 우유, 바닐라, 럼주를 섞은 부드러운 반죽을 부어서 오랜 시간 익히면 표면은 탄 색깔에 바삭한 식감이 나고 속은 말랑말랑 부드러운 식감이 완성된다.

* appareil à cannelé(아파레유 아 카늘레) 카늘레 반죽(아파레유).

→ **cannelé**(44쪽), **Bordeaux**(130쪽), **moule à cannelé**(51쪽), **cire d'abeille**(140쪽)

cannelé de Bordeaux [카늘레 드 보르도]

caramel [카라멜]

남 캐러멜

※ 설탕을 태운 것. 또는 그것에 크림이나 버터를 넣어 굳힌 캔디의 한 종류.

* caramel mou(~ 무) 부드러운 캐러멜, sauce au caramel(소스 오 ~) 캐러멜 소스.

charlotte [샤를로트]

여 샤를로트

※ 일반적으로 비스퀴를 틀에 붙여서 바바루아 등을 넣어 식혀서 굳힌 것. 비스퀴나 얇게 자른 빵을 틀에 붙이고 달걀을 베이스로 한 크림이나 과일 콩포트를 채워서 뜨거운 물을 부은 오븐 철판에 구운 따뜻한 디저트를 말한다.

* charlotte au poire(~ 오 푸아르) 서양배 샤를로트(사진).

→ **moule à charlotte**(52쪽)

charlotte [샤를로트]

charlotte à la russe

[샤를로트 아 라 뤼스]

여 러시아풍 샤를로트

※ 비스퀴를 샤를로트 틀에 깔고 바바루아를 부어서 식힌 뒤 굳힌 차가운 디저트. 19세기 프랑스 요리사 카렘Carême이 고안했다. 처음에는 파리풍 à la parisienne(아 라 파리지엔)이라고 불렸지만, 제2제정시대(1852~1870년)에 '러시아풍'이라는 이름의 요리가 유행했을 때 개명되었다.

→ **biscuit à la cuiller, bavarois, Carême, Antonin**(136쪽), **moule à charlotte**(52쪽), **russe**(134쪽 **Russie**)

chausson [쇼송]

남 쇼송

※ '슬리퍼'를 뜻한다. 패스추리 반죽에 과일 콩포트나 콩피 등을 채워서 반으로 접어 구운 과자.

* chausson aux pommes(~ 오 폼) 사과 쇼송.

Chiboust [시부스트]

남 시부스트. 크렘 시부스트를 채워서 표면에 설탕을 뿌리고 카라멜리제를 한 타르트
* tarte Chiboust aux pommes(타르트 ~ 오 폼) 사과 시부스트.
※ 사과를 버터와 설탕으로 볶아서 파이 반죽을 깐 틀에 아파레유와 함께 넣고 구운 다음, 크렘 시부스트를 얹어 완성한 타르트.
→ crème Chiboust, Chiboust(136쪽)

chou à la crème([복수]choux à la crème) [슈 아 라 크렘]

남 슈크림
※ 슈 반죽을 구워 만든 표면에 커스터드 크림으로 속을 채운 것. chou는 양배추를 뜻한다.
→ pâte à choux

chouquette [슈케트]

여 우박설탕sucre en grains을 뿌려서 구운 작은 슈
※ 빵집에서 판매하는 과자. 크림은 들어 있지 않다.

cigarette [시가레트]

여 1. 시가렛, 종이로 만 담배
2. 랑드샤langue-de-chat의 반죽을 원형으로 굽고, 뜨거울 때 가느다란 봉으로 말아서 통 모양으로 만든 쿠키. 프티프루 세크petits-fours secs의 하나
→ langue-de-chat, petits-fours secs

clafoutis [클라푸티]

남 클라푸티
※ 밀가루, 달걀, 설탕, 버터, 우유를 섞은 부드러운 반죽에 과일을 넣고 도자기로 만든 틀에 구운 소박한 디저트. 리무쟁Limousin 지방이나 푸아투Poitou 지방이 기원이며, 씨앗이 든 채로 블랙체리를 사용하는 것이 전통이다.
→ Limousin(132쪽), Poitou(134쪽)

colombier [콜롱비에]

남 콜롱비에
※ 성령강림축일Pentecôte에 먹는 아몬드와 오렌지 필 풍미의 구운 과자. 콜롱비에는 작은 비둘기 집을 뜻한다. 콜롱브colombe는 특히 하얀 비둘기를 가리키며, 성령을 상징한다.

chausson [쇼송]

Chiboust [시부스트]

chouquette [슈케트]

clafoutis [클라푸티]

→ Pentecôte(162쪽 부록 행사)

compote[콩포트]
여 콩포트, 과일을 시럽에 졸인 것

confiserie[콩피즈리]
여 1. 설탕과자, 당과
※ 사탕, 캐러멜, 누가, 파트 드 프뤼pâte de fruit 등을 가리킨다.
→ pâte de fruit
2. 당과점, 당과제조업

confit[콩피]
남 콩피, 설탕절임, 기름(지방)에 절인 것, 식초 절임
형 confit / confite[콩피/콩피트] 설탕, 식초 등에 절인. 기름에 담가서 저온에 천천히 가열한
→ confire(14쪽), fruit confit

confiture[콩피튀르]
여 과육의 형태가 남은 잼, 프리저브Preserve 타입의 잼
* confiture de fraises(~ 드 프레즈) 딸기잼.
→ gelée 2.

conversation[콩베르사시옹]
여 타르틀레트 틀에 패스추리 반죽을 깔아 넣고 아몬드 크림을 채운 다음, 글라스 루아얄을 바르고 구운 과자

copeau([복수]**copeaux**)[코포]
남 코포, 초콜릿을 얇게 깎은 과자 장식
※ 코포는 톱밥을 뜻한다. 녹인 초콜릿을 대리석 판에 얇게 부어서 부드럽게 굳히고, 주걱으로 휘젓는다. 톱밥처럼 얇고 둥글게 말린 형태에서 유래되었다.

coque[코크]
여 1. 머랭을 반구형으로 짜 내어 바짝 구운 것
※ 2개 합쳐서 크림을 사이에 끼우고, 크림이나 퐁당 등으로 덮어서 과자를 완성한다.
2. (달걀, 너트의) 껍질

colombier [콜롱비에]

cornet
→ 66쪽 cornet 3.

cotignac[코티냐크]
남 오를레앙Orléans의 명물인 마르멜로 젤리
※ 설탕, 물엿을 넣어 졸인 마르멜로coing의 과즙을 펙틴으로 굳힌 것. 투명하고 옅은 핑크색으로, 얇은 목제의 둥근 용기에 담겨서 판매되고 있다.
→ Orléans(133쪽), coing(80쪽)

coulis[쿨리]
남 쿨리, 퓌레 상태의 과일 소스
* coulis de fraise(~ 드 프레즈) 딸기 쿨리.

coussin de Lyon[쿠생 드 리옹]
남 리옹Lyon의 쿠션coussin이라는 의미로, 녹색의 파트다망으로 가나슈를 감싸고, 쿠션의 형태를 한 리옹의 대표적인 당과
→ Lyon(132쪽)

craquelin[크라클랭]
남 1. 아삭아삭한 식감을 가진 과자에 붙여지는 이름
※ 지방과자로서, 이 이름의 쿠키와 같은 것, 발효 반죽을 쓴 것 등 배합도 형태도 다양한 과자가 각지에서 만들어지고 있다.
2. 크라클랭(아몬드 다이스에 시럽을 뿌리고

구운 것으로, 과자 재료로 사용한다)
= craquelin d'amandes[~ 다망드]

crème anglaise[크렘 앙글레즈]

여 크렘 앙글레즈, 커스터드 소스
※ 소스 앙글레즈sauce anglaise라고도 부른다. 달걀노른자, 설탕, 바닐라로 향을 낸 우유를 걸쭉해질 때까지 졸인다.

crème à saint-honoré

[크렘 아 생토노레]
여 → crème Chiboust

crème au beurre[크렘 오 뵈르]

여 버터크림
※ 기본 버터크림은 3종류로, 버터와 버터 봉브pâte à bombe를 섞은 것, 버터와 이탈리안 머랭meringue italienne을 섞은 것, 버터와 커스터드 크림crème pâtissière을 합친 것이 있다.
→ pâte à bombe, meringue italienne, crème pâtissière

crème caramel[크렘 카라멜]

여 커스터드 푸딩
※ 달걀, 설탕, 우유를 섞어서 틀에 넣어 가열한 다음 굳힌 것.
= crème renversée

crème catalane[크렘 카탈란]

여 카탈로니아풍 크림
※ 커스터드 크림과 비슷한 시나몬과 레몬 풍미의 크림을 틀에 넣고, 표면을 카라멜리제한 스페인의 디저트.
→ catalan(130쪽 Catalogne)

crème chantilly[크렘 샹티이]

여 설탕을 넣어서 거품을 낸 생크림, 휘핑크림
※ 이름은 샹티이 성에서 유래되었다고 한다.
→ Chantilly(130쪽)

crème Chiboust[크렘 시부스트]

여 크렘 시부스트. 젤라틴을 넣은 커스터드 크림과 이탈리안 머랭을 합친 크림
※ 생토노레saint-honoré에 쓰인다. 19세기의 과자 장인인 시부스트가 고안했다.
→ saint-honoré, Chiboust(136쪽)

crème d'amandes

[크렘 다망드]
여 아몬드 크림
※ 아몬드 파우더, 설탕, 버터, 달걀을 동일한 양으로 섞은 크림. 그대로는 먹지 않고 타르트처럼 반죽에 채워 넣어서 굽는다.

crème de marrons[크렘 드 마롱]

여 마롱 크림
※ 밤 퓌레에 설탕, 바닐라를 넣은 제품. 밤의 풍미를 입힌 과자용의 다양한 크림을 가리키기도 한다.
= crème au marron[크렘 오 마롱]
→ marron(82쪽)

crème diplomate

[크렘 디플로마트]
여 디플로마트 크림
※ 디플로마트는 외교관을 뜻한다. 커스터드 크림에 거품을 낸 생크림을 더한 크림. 원래는 젤라틴도 첨가한다.

crème fouettée[크렘 푸에테]

여 거품을 낸 생크림
※ 설탕을 넣지 않고 거품을 낸 생크림.
→ fouetter(22쪽), fouet(64쪽)

crème frangipane

[크렘 프랑지판]
여 크렘 프랑지판. 커스터드 크림crème pâtissière과 아몬드 크림crème d'amandes을 한데 섞은 크림. 아몬드 크림과 동일하게 사용한다.
→ crème pâtissière, crème d'amandes

crème mousseline[크렘 무슬린]

여 크렘 무슬린. 커스터드 크림과 버터를 섞어서 부드러운 크림 (mousseline 형 부드러운, 매끈한)

crème pâtissière

[크렘 파티시에르]

여 크렘 파티시에르, 커스터드 크림

※ 제과점의 크림을 뜻한다. 달걀노른자, 설탕, 우유, 밀가루를 졸여서 만드는 크림. 바닐라로 향을 낸다.

crème renversée

[크렘 랑베르세]

여 커스터드 푸딩

※ 뒤집힌(renversée) 크림을 뜻한다.

→ renverser(32쪽)

= crème caramel

crémet d'Anjou [크레메 당주]

남 앙주의 크레메

※ 앙주Anjou 지방에서 만들어진 프레시 치즈(프로마주 블랑fromage blanc)를 사용한 디저트(crémet). 앙주 지방의 중심지인 앙제Angers에서 만들어진 것을 특별히 크레메 당제crémet d'Angers라고 부르기도 한다.

→ Angers, Anjou(이상 219쪽)

crémet d'Anjou [크레메 당주]

crêpe Suzette [크레프 쉬제트]

crêpe [크레프]

여 크레프(크레이프)

⇒ crêpière[크레피에르] 여 크레프 빵

crêpe dentelle [크레프 당텔]

여 레이스 모양의 크레프. 크레프 반죽을 매우 얇게 굽고, 가늘고 긴 직사각형이 되도록 평평하게 둘둘 만 바삭한 쿠키. 캥페르Quimper의 명물

→ Quimper(134쪽)

crêpe Suzette [크레프 쉬제트]

여 크레프 쉬제트, 쉬제트풍 크레프

※ 구운 크레프 반죽에 버터와 만다린 오렌지, 퀴라소, 설탕을 넣어 반죽한 것을 발라서 제공하는 따뜻한 디저트.

croissant [크루아상]

남 1. 크루아상, 발효한 패스추리 반죽으로 만든 초승달 형태의 빵

2. 파트 다망드Pate d'amande와 잣으로 만드는 반달 형태의 프티푸르

croquant [크로캉]

남 1. 아몬드 등 너트를 넣은 오독오독한 식감의 쿠키. 같은 의미로 croquante 여 (크로캉트)도 사용한다.

2. 사탕(하드 캔디)의 일종

→ croquer(15쪽), croquant(44쪽)

croquembouche [크로캉부슈]

남 크로캉부슈

※ 작은 슈를 원추형으로 쌓아 올린 대형 과자. 드라제dragée나 사탕으로 꾸미고, 약혼, 결혼, 생일, 세례 등의 축하연에 장식되어 참석자들이 서로 나누어 먹는다.

croquet[크로케]

남 아몬드, 설탕, 달걀흰자로 만드는 바삭바삭한 식감의 가벼운 쿠키

※ 형태는 막대, 혀, 작은 배 등이 있고, 크로켓croquette 여 이라고도 말한다. 여러 지역에서 명물로 만들어지고 있다.

= **croquet aux amandes**[~ 오 자망드]

croquignole[크로키뇰]

여 달걀흰자, 설탕, 밀가루(버터가 들어가기도 함)로 만드는 하얀 쿠키

※ 양산품은 막대 모양과 링 모양이 있고, 핑크색으로 착색한 것도 있다. 과자의 장식에 사용하거나 음료, 또는 차가운 디저트, 빙과에 첨가한다.

croustade[크루스타드]

여 크루스타드. 파이 반죽을 틀로 만들어서 속을 채워 넣는 요리나 과자

* croustade aux pommes(~ 오 폼) 사과 크루스타드.

※ 가스코뉴Gascogne 지방의 과자. 매우 얇게 늘인 반죽에 버터를 바르고, 반죽을 여러 장 겹쳐서 사과 콩포트를 채우고 표면에 설탕을 뿌린 다음 바싹 구워낸 것.

→ **pastis**, **Gascogne**(131쪽)

croûte[크루트]

여 1. 빵 껍질, 치즈 껍질

2. 크루트, 파이 케이스. 파이 케이스(또는 빵)에 속을 채운 요리나 과자

* en croûte(앙 ~) 파이 속에 넣어 구운 것.

D

dacquoise[다쿠아즈] 

여 다쿠아즈

※ 아몬드 파우더를 넣어 구운 머랭 반죽 사이에 플라리네 풍미의 버터크림을 끼운 과자. 랑드Landes 지방의 닥스Dax에서 탄생했다(타원형은 일본에서 생긴 것).

→ **Landes**(132쪽), **Dax**(131쪽)

dacquoise [다쿠아즈]

délice[델리스]

남 단 것, 맛있는 것

※ 여러 가지 과자 이름에 쓰인다.

dessert[데세르]

남 디저트, 식사 후에 먹는 단 것

* dessert à l'assiette(~ 아 라시에트) 디저트 한 접시.

détrempe[데트랑프]

여 데트랑프, 물에 푼 밀가루

※ 밀가루, 물, 소금(상황에 따라 설탕, 기름 등을 넣기도 함)을 한데 섞어놓은 것. 특히 패스추리 반죽을 만들 때 버터를 감싸는 반죽.

→ **détremper**(17쪽)

dorure[도뤼르]

여 윤을 내기 위해 바르는 달갈물

→ **dorer**(17쪽)

dragée[드라제]

여 통 아몬드를 볶아서 광택이 있는 단단한 설탕을 입힌 당과. 순백 색깔 외에도 옅은 핑크색, 하늘색, 노란색 등으로 착색한다.
※ 결혼식이나 세례식처럼 축하하는 자리에서 배부된다.

duchesse[뒤셰스]

여 (공작부인을 뜻함) 1. 머랭의 코크coque, 또는 작은 원형으로 구운 랑그 드 샤 langue-de-chat에 버터크림을 끼운 프티푸르
→ coque, langue-de-chat
2. 서양배 품종 중 하나(크기가 크고 부드럽다). 그 배를 사용한 과자에 붙이는 이름
3. 슈에 크림을 채우고, 사탕을 얹고 아몬드 슬라이스나 자른 피스타치오, 또는 코코아를 뿌린 디저트.
* à la duchesse(아 라 ~) 듀체스풍(아몬드를 사용한 과자에 자주 붙는 이름).

échaude[에쇼드]

남 밀가루와 물, 유지방(사순절carême 이외에는 버터를 사용하고 달걀도 넣는다)을 섞은 반죽을 열탕에서 삶은 뒤 오븐에서 건조하게 구운 과자
※ 중세부터 만들어진 오래된 과자. 19세기까지는 길거리에서 팔았다
→ carême(161쪽 부록 행사)

éclair[에클레르]

남 에클레르(에클레어)
※ 길쭉하게 짠 슈에 초콜릿과 커피 풍미의 커스터드 크림을 채우고, 표면에 크림과 같은 풍미를 더한 퐁당을 바른 것. 에클레르는 '섬광'을 뜻한다.

entrée[앙트레]

여 입구를 의미한다. 코스요리에서 처음 먹는 요리
※ 미국에서는 메인디시를 말한다.

entremets[앙트르메]

남 디저트로 먹는 달콤한 음식.
※ 요리(mets)와 요리의 사이(entre)라는 의미로, 예전에는 연회에서 고기요리 사이에 나오는 채소요리나 달콤한 요리를 가리켰다.
* entremets de cuisine(~ 드 퀴진) 레스토랑의 조리장에서 만들어진 달콤한 것. 크레프나 수플레 등 만든 자리에서 제공하는 달콤한 음식.
* entremets de pâtisserie(~ 드 파티스리) 비스퀴나 무스 등을 조합하여 만든 케이크나 타르트, 파이 등. 파티세리Pâtisserie의 영역에 포함된 과자류.

far breton[파르 브르통]

남 브르타뉴Bretagne 지방의 파르far(밀가루나 메밀가루로 만드는 죽, 혹은 페이스트 형태의 음식)를 의미한다. 플랑flan의 일종.
※ 건자두가 들어간 것이 유명함.
→ Bretagne(130쪽), flan

farce[파르스]

여 속을 채우는 것
→ farcir(20쪽)

feuilletage[푀이타주]

남 패스추리 반죽(파이 반죽)를 층층이 쌓아 올린 것
= pâte feuilletée

financier[피낭시에]

남 피낭시에, 피낭셰. 아몬드 파우더, 달걀흰자, 설탕, 밀가루, 태운 버터를 섞어서 구운 금괴 모양의 작은 과자.
※ 금융가, 부자의 의미. 과자의 형태(금괴 모양)도 이 의미에서 유래되었다. (형 financier / financière[피낭시에/피낭시에르] 재정의, 피낭시에르 풍)

flan[플랑]

남 1. 플랑. 달걀, 우유, 설탕, 소량의 가루로 푸딩의 아파레유와 비슷한 크림 형태의 반죽을 만들고, 이것과 과일을 틀에 넣어 구운 과자
2. 푸딩
* flan au chocolat(~ 오 쇼콜라) 초콜릿 푸딩.

3. 타르트(반죽을 깔아 넣고, 크림을 채워서 구운 것을 가리킴)
※ 타르트용 링cercle à tarte을 플랑 틀이라고 부르기도 한다.
* flan aux pommes(~ 오 폼) 사과 타르트.

florentin [플로랑탱]

남 설탕을 태워서 생크림이나 버터를 넣은 캐러멜 소스에 아몬드 슬라이스와 잘게 저민 과일의 설탕절임을 더해 졸이고, 얇고 둥글게 펴서 구운 것. 한쪽 면을 초콜릿으로 코팅하는 경우가 많다. 사브레 반죽 위에 넓게 부어서 쪼갠 것을 말한다.
※ florentin은 피렌체Florence〔플로랑스〕의 형용사 형태.

fond [퐁]

남 1. 바닥, 밑받침 반죽
※ 과자의 토대가 되는 것(타르트 반죽이나 파이 반죽 케이스, 스펀지 등).
= fond de pâtisserie[~ 드 파티스리]
2. 육수

fondant [퐁당]

남 1. 퐁당, 설탕에 물을 섞어 걸쭉하게 만든 것.
※ 졸인 시럽을 누이면서 식히다가 밀랍 상태로 만든 것. 설탕 옷, 사탕의 주재료 등에 쓰인다.
2. 부드럽게 녹는 듯한 입맛이라는 의미로 과자에 붙인 이름
→ fondant(45쪽)

fondue [퐁뒤]

여 퐁듀
※ 탁상에서 화이트와인을 넣어 끓인 치즈에, 빵을 찍어 먹는 스위스, 알프스 지방의 향토 요리. 녹인 초콜릿을 보온하면서 비스킷나 과일, 아이스크림 등을 각자 담가서 먹는 디저트를 초콜릿 퐁듀라고 칭하는 것은 이 요리에서 유래되었다.
→ fondre(22쪽)

fraisier [프레지에]

forêt-noire [포레누아르]

여 초콜릿과 키르슈 풍미의 제누아즈, 버찌, 초콜릿과 크림을 층층이 겹친 케이크. 거품을 낸 생크림과 깎아낸 초콜릿으로 장식한다.
※ '검은 숲'을 의미. 독일의 검은 숲의 케이크에서 유래.

fouace [푸아스]

여 밀가루를 누인 반죽을 원반형으로 만들고, 재 밑에 묻어서 구운 과자의 원형이라고 불리는 것. 현재는 달걀이나 설탕, 버터 등도 넣은 발효 반죽을 구운 소박한 전통과자로서, 프랑스 각지에서 만들어지고 있다. 프랑스 남부인 프로방스Provence 지방에서는 크리스마스에 먹는 디저트로 유명하다.
→ Provence(134쪽)

fraisier [프레지에]

남 1. 프레지에
※ 시트 상태로 구운 스펀지 반죽에 딸기와 커스터드 크림 베이스의 버터크림을 끼우고, 표면을 핑크색 마지팬으로 덮은 케이크.
2. (식물로서의) 딸기.

friand[프리앙]

남 프리앙. 아몬드 풍미의 작은 과자. 아몬드 풍미의 비스퀴 반죽을 작은 배 틀, 또는 둥그스름한 직사각형 틀에 구운 것.

friandise[프리앙디즈]

여 작고 달콤한 것, 간식. 또는 마들렌이나 마카롱 등의 작은 과자, 프티프루, 캐러멜 등의 설탕, 트뤼플 등의 초콜릿을 총칭.
→ mignardise

fruit confit[프뤼 콩피]

남 설탕에 절인 과일
※ 과일을 시럽에 졸이고, 단계적으로 시럽의 농도를 높여서 절이며 과일에 포함된 수분을 시럽으로 바꿔 놓는 것.
→ confire(14쪽), confit

fruit confit [프뤼 콩피]

fruit déguisé[프뤼 데기제]

남 너트나 과일(건조 과일, 설탕절임 등)과 마지팬을 합쳐서 한입 크기로 성형하고, 시럽을 뿌리거나 설탕 알갱이로 덮은 프티푸르(형 déguisé / déguisée[데기제] 변장한, 위장한)
→ candir(13쪽), petit-four

fruit déguisé [푸뤼 데기제]

fruit givré[프뤼 지브레]

남 과일 셔벗
※ 과일을 통째로 도려내어 과즙으로 셔벗을 만들어서 껍질에 채운 빙과. (형 givré / givrée[지브레] 서리로 덮힌)
* citron givré[시트롱 지브레] 레몬 셔벗.
→ sorbet

G

galette[갈레트] 

여 1. 평평하고 둥근 과자의 총칭
2. 둥근 쿠키, 둥글고 작은 과자
3. 브르타뉴Bretagne 지방의 메밀가루로 만든 크레프

galette [갈레트]-3

galette bretonne
[갈레트 브르톤]

여 브르타뉴Bretagne 지방의 갈레트
※ 유염버터를 사용한 원반형 쿠키.

→ Bretagne(130쪽), galette

galette des Rois [갈레트 데 루아]

[여] 동방박사(les Rois)의 과자(역주-직역하면 '왕의 과자'. 동방박사 세 명이 아기 예수의 탄생을 축하하고 그를 경배했다는 이야기에서 유래되었다), 갈레트 데 루아.

※ 주님 공현 대축일Épiphanie에 먹는 과자. 과자 속에 페브fève 1개를 넣어두고, 잘라 나누어서 당첨된 사람이 그날 하루 왕이 될 수 있다. 패스추리 반죽에 아몬드 크림을 감싼 것, 브리오슈 반죽을 링 모양으로 구운 것 등 지방에 따라 차이가 있다.

→ Épiphanie(160쪽 [부록] 행사), fève(80쪽)

galette des Rois [갈레트 데 루아]

gâteau basque [가토 바스크]

ganache [가나슈]

[여] 가나슈

※ 초콜릿과 생크림을 합친 크림.

garniture [가르니튀르]

[여] 채울 속, 고명, (스프의) 건더기

→ garnir(23쪽)

gâteau([복수]gâteaux) [가토]

[남] 가토, 과자, 케이크, 케이크 형태의 요리(원형으로 굳힌 요리나 디저트)

gâteau à la broche

[가토 아 라 브로슈]

[남] 가스코뉴Gascogne 지방, 바스크 지방Pays basque에서 만들어진 바움쿠헨과 비슷한 과자. 원뿔형의 꼬챙이(브로슈)에 반죽을 조금씩 끼우면서 층층이 쌓아 굽는다.

→ Gascogne(131쪽), Pays basque(133쪽)

gâteau basque [가토 바스크]

[남] 가토 바스크

※ 잘 휘저은 반죽과 버터케이크 반죽의 중간 정도의 반죽에 커스터드 크림이나 잼을 채워서 커다란 원형으로 구운 과자. 표면에 바스크 십자 모양을 새긴다.

→ Pays basque(133쪽)

gâteau breton [가토 브르통]

[남] 가토 브르통

※ 달콤한 파이 반죽과 버터 반죽의 중간 정도 반죽을 큰 원반형으로 만들고 표면에 선을 그어서 구운 것. 브르타뉴Bretagne 지방의 바삭한 식감의 과자.

→ Bretagne(130쪽)

gâteau de riz [가토 드 리]

[남] 쌀로 만든 가토, 라이스 케이크

※ 우유와 설탕, 달걀을 넣어서 찐 쌀을 굳힌 차가운 디저트.

gâteau du président

[가토 뒤 프레지당]

[남] 리옹Lyon의 초콜릿과 과자로 유명한 가게 '베르나숑Bernachon'의 초콜릿과 버찌 케이크

※ 원래는 가토 몽모랑시gâteau Montmorency(몽모랑시는 버찌의 명산지)라고 불렸지만 지스카르 데스탱 대통령 주최의 폴 보퀴즈Paul Bocuse 훈장수여를 축하하는 오찬회에 내어진 이후 대통령의 과자라고 불리게 되었다.

→ Paul Bocuse(136쪽)

gâteau marjolaine
[가토 마르졸렌]

남 1933년부터 반세기에 걸쳐 미쉐린 3개의 별을 유지한 유명 가게 '피라미드Pyramide'의 디저트. 요리사들의 신이라고 불리는 페르낭 푸앵Fernand Point이 고안한 독특한 식감을 가진 머랭의 한 종류를 토대로, 3종류의 크림을 겹친 것. 마르졸렌은 여성 이름

→ Fernand Point(137쪽)

gâteau week-end [가토 위켄드]

남 아이싱으로 코팅한 레몬 풍미의 카트르 카르

※ 직역하면 위켄드 과자. 주말에 피크닉이나 별장에 갈 때 챙겨 가는 과자를 뜻한다.

→ quatre-quarts

gaufre [고프르]

여 고프르, 와플

※ 벌집 모양의 울퉁불퉁한 과자. 가열된 전용 철판으로 굽는다. 팬케이크와 같이 폭신한 것이나 바삭하게 구워낸 것이 있다. 플랑드르 Flandre 지방과 벨기에의 명물.

→ gaufrier(50쪽), Flandre(131쪽)

gaufrette [고프레트]

여 아이스크림이나 셔벗에 첨가하는 얇고 가벼운 쿠키. 원뿔형으로 구워서 아이스크림콘으로도 사용한다.

gelée [줄레]

여 1. 젤리

※ 과즙이나 와인을 젤라틴으로 굳힌 차가운 디저트.

= gelée d'entremets [줄레 당트르메]

* en gelée(앙 ~) 젤리 모음.

2. 젤라틴을 많이 함유한 과일의 과즙과 설탕을 젤리처럼 굳는 농도로 졸여서 만드는 과육이 들어가지 않은 타입의 잼.

= gelée de fruits

→ confiture

génoise [제누아즈]

여 제누아즈, 공립법으로 만든 스펀지

※ 이탈리아의 지명 제노바Gênes의 형용사 여성형 génoise가 명사화된 말.

* pâte à génoise(파타 ~) 제누아즈 반죽.

→ Gênes(131쪽)

glaçage [글라사주]

남 1. 글라사주. 위에 얹는 젤리, 설탕 옷

* glaçage au chocolat(~ 오 쇼콜라) 초콜릿 글라사주.

2. 얼리는 것

3. 노릇하게 구워내는 것

→ glacer(23쪽)

glace [글라스]

여 1. 아이스크림

* glace à la vanille(~ 아 라 바니유) 바닐라 아이스크림.

2. 설탕가루를 베이스로 한 설탕 옷

= glace de sucre [~ 드 쉬크르]

3. 얼음

glace à l'eau [글라스 아 로]

여 설탕가루를 물에 녹인 설탕 옷

※ 과자를 다 구워냈을 때 발라서 건조시킨다.

glace royale [글라스 루아얄]

여 설탕가루, 달걀흰자, 레몬즙을 섞어서 만드는 설탕 옷

※ 알뤼메트allumette, 콘벨사시옹conversation 등에 쓰이며 반죽의 표면에 발라서 구워낸다. 또 종이로 만든 코르네cornet로 가늘게 짜서 과자 장식(파이핑)에 사용한다.

→ allumette, conversation, cornet(66쪽)

gougère [구제르]

여 치즈 풍미의 작은 슈

granité [그라니테]

남 알갱이가 거친 셔벗

(형 granité / granitée [그라니테] 우둘투둘한, 까칠까칠한)

※ 당도가 낮은 시럽에 술이나 과즙으로 풍미를 더해서 얼린 뒤 깎아내어 만든다.

⇒ granit(e) [그라니트] 남 화강암

gratin[그라탱]

남 그라탱

* gratin aux fruits[~ 오 프뤼] 과일 그라탱(과일에 사바용sabayon을 뿌려서 굽고, 표면을 살짝 태워 눌은 자국은 낸 디저트).

→ **gratiner**(23쪽), **sabayon**

guimauve[기모브]

여 마시멜로

※ 설탕, 물엿, 젤라틴, 향료를 굳혀서 만든 부드럽고 탄력 있는 당과. 기모브는 프랑스어로 아욱과 식물(영어로 **marshmallow**)을 가리키며, 예전에는 그 뿌리의 점액을 원료로 했다는 것에서 이러한 이름이 붙었다.

= **pâte de guimauve**[파트 드 기모브]

île flottante[일 플로탕트]

여 크렘 앙글레즈에 삶은 머랭을 띄운 디저트. '떠 있는 섬'이라는 의미

※ **flottante**는 **flottant**([플로탕]형 '떠 있는'이라는 의미)의 여성형.

= **œufs à la neige**

imbibage[앵비바주]

남 앵비바주, 시럽

※ 스펀지 등에 촉촉하게 하고 풍미를 더하기 위해 스미듯이 뿌리는 시럽. 럼주나 키르슈바서를 넣어서 향을 낸다.

= **punch**

→ **imbiber**(24쪽)

kouglof[쿠글로프]

남 쿠글로프

※ 표기로는 **kuglof**, **k(o)ugloff**, **k(o)ugelho(p)f**, **kugelopf** 등 다양하다. ( ) 안의 글자는 생략하는 경우도 있다.

※ 알자스 지방의 전통적인 발효 반죽 과자. 버터, 달걀, 설탕의 배합이 많은 브리오슈와 비슷한 반죽에 레이즌을 넣고 버터를 발라서 아몬드를 붙인 도자기제 쿠글로프 틀로 굽는다.

→ **moule à kouglof**(52쪽)

kouglof [쿠글로프]

kouign-amann [퀴냐만]

kouign-amann[퀴냐만]

남 쿠안 아망

※ 브르타뉴**Bretagne** 지방의 두아르느네 **Douarnenez** 근처에서 만들어졌으며, 발효 반죽에 유염 버터와 설탕을 넣고 접어서 구운 과자

→ **Bretagne**(130쪽), **Douarnenez**(131쪽)

langue-de-chat[랑그드샤]

여 랑그드샤

※ 고양이의 혀를 뜻함. 달걀흰자, 설탕, 밀가루, 버터를 동일한 양으로 섞어서 길쭉한(혀의) 형태로 얇게 구운 쿠키. 이 반죽은 다양한 형태로 만들어서 아이스크림에 얹거나 디저트, 또는 케이크의 장식에도 쓰인다.

→ **cigarette**

macaron [마카롱]

남 아몬드 파우더와 달걀흰자, 설탕으로 만든 작은 과자. 프랑스 각지에는 명물 마카롱이 있으며 형태와 단단함, 풍미는 다양하다.

macaron d'Amiens

[마카롱 다미앵]

남 아미앵Amiens(피카르디Picardie 지방 솜Somme 도의 도청소재지)의 마카롱

※ 작은 원통형 모양. 애프리콧이나 사과 주레 gelée가 들어 있다.

→ Amiens(129쪽), Picardie(134쪽), gelée

macaron d'Amiens [마카롱 다미앵]

macaron de Montmorillon

[마카롱 드 몽모리용]

남 몽모리용(푸아Poitou 지방의 비엔Vienne 마을)의 마카롱

※ 둥글게 짜서 굽는다. 부드럽다.

→ Poitou(134쪽)

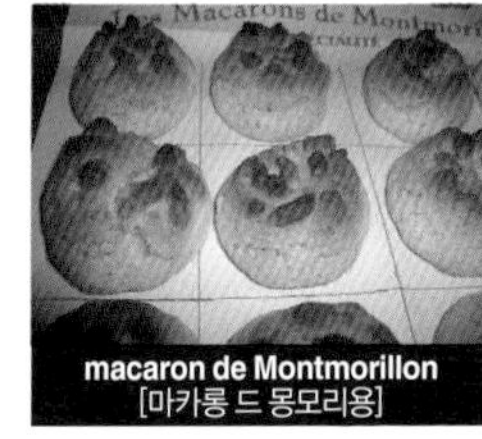

macaron de Montmorillon [마카롱 드 몽모리용]

macaron de Nancy

[마카롱 드 낭시]

남 낭시(로렌Lorraine 지방의 중심도시)의 마카롱

※ 바짝 졸인 시럽을 넣어서 반죽을 만든다. 둥글고 평평한 형태로 표면이 갈라져 있고 딱딱하다. 속은 쫀득하다.

→ Nancy(133쪽)

macaron de Nancy [마카롱 드 낭시]

macaron de Saint-Jean-de-Luz

[마카롱 드 생장드뤼즈]

남 생장드뤼즈(바스크 지방Pays basque의 마을)의 마카롱

※ 반구형의 봉긋한 형태

→ Pays basque(133쪽)

macaron de Saint-Jean-de-Luz [마카롱 드 생장드뤼즈]

macaron lisse [마카롱 리스]

남 매끄러운 마카롱, 파리풍 마카롱

macaron parisien

[마카롱 파리지앵]

남 파리풍 마카롱

※ macaron lisse〔마카롱 리스〕(매끄러운 마

카롱을 의미)라고도 말한다. 달걀흰자를 거품 내서 만든다. 윤기가 도는 다채로운 마카롱으로 버터크림이나 잼을 끼운 것.

madeleine[마들렌]

예 마들렌

※ 가리비 껍질 모양의 틀로 구운 작은 과자. 로렌Lorraine 지방의 코메르시Commercy의 명물. 뒷면의 중앙이 혹처럼 부풀어 오른 것이 코메르시풍이다.

→ **moule à madeleine**(53쪽), **Lorraine**(132쪽), **Commercy**(130쪽)

marmelade[마르믈라드]

예 마멀레이드, 감귤류 잼. 과일에 설탕을 넣어서 퓨레처럼 끓인 것

* marmelade d'orange[~ 도랑주] 오렌지 마멀레이드.

marquise[마르키즈]

예 (후작 부인을 뜻함) 주로 초콜릿 풍미의 다양한 과자나 디저트(그라니테 등)에 붙는 이름

* marquise chocolat[~ 쇼콜라] 마르키즈 쇼콜라 (샤를로트와 비슷한 냉과, 빙과).

marron glacé[마롱 글라세]

남 마롱 글라세. 속껍질을 벗긴 밤을 통째로 설탕에 절이고(콩피), 마무리할 때 설탕 옷을 입힌(글라세를 한) 당과. 푸르트 콩피의 한 종류

→ **fruit confit**, **confit**, **confire**(14쪽) **glacer 1.**(23쪽)

massepain[마스팽]

남 아몬드, 달걀흰자, 설탕으로 만드는 당과. 마지팬 세공

mendiant[망디앙] 📷

남 아몬드, 석류, 헤이즐넛, 건포도(**raisin de Màlaga**말라가 레이즌)의 4종류를 합친 것

※탁발수도회 4곳의 수도사 옷 색깔(도미니코회의 흰색, 프란치스코회의 회색, 카르멜회의 갈색, 아우구스티노회의 짙은 보라색)과 연관이 있다. 상기의 것뿐만이 아닌 알록달록한 너트와 건과일을 과자, 초콜릿에 흩뿌린 것을 이 이름으로 부른다.

→ **raisin de Màlaga**(87쪽 건포도 종류)

macaron parisien [마카롱 파리지앵]

mendiant [망디앙]

meringue[므랭그]

예 머랭

※ 달걀흰자에 설탕을 넣어 거품낸 것. 또는 그것을 건조시켜서 구운 과자.

meringue française

[므랭그 프랑세즈]

예 프렌치 머랭

※ 달걀흰자에 설탕을 넣어 거품 낸 머랭.

= **meringue ordinaire**[므랭그 오르디네르]

meringue italienne

[므랭그 이탈리엔]

예 이탈리안 머랭

※ 달걀흰자에 고온으로 바짝 졸인 시럽을 더하여 거품을 낸 머랭.

meringue suisse [므랭그 스위스]

여 스위스 머랭
※ 달걀흰자에 설탕을 더하여 중탕에 데운 다음 거품을 낸 머랭. 결이 촘촘하고, 건조시키면 단단하게 완성된다.
= meringue sur le feu [므랭그 쉬르 르 푀]

merveille [메르베유]

여 부뉴bugne의 다른 이름. 설탕을 뿌린 튀김과자. '엄청난 것'이라는 의미
→ bugne

miette [미에트]

여 빵이나 과자 부스러기, 비스퀴 크럼

mignardise [미냐르디즈]

여 식후의 음료와 함께 나오는 한입 크기의 달콤한 것. 당과, 초콜릿 등
→ friandise

mille-feuille [밀푀유]

남 판처럼 구운 패스추리 반죽과 커스터드 크림을 층층이 겹친 과자. '천 장의 잎'을 뜻함

mimosa [미모자]

남 꽃아카시아, 미모사(봄에 작은 공 모양처럼 노란색 꽃이 촘촘히 핀다). 꽃의 형태가 작은 당과(유채 씨 등 작은 씨앗을 심어서 설탕을 결정으로 만들고 노랗게 착색하여 구형으로 만든다. 데코레이션으로 쓰인다.)

mirliton [미를리통]

남 패스추리 반죽의 타르틀레트. 아몬드 풍미의 크림을 채우고 통 아몬드 3개를 꽃 형태로 장식해서 굽는 루앙Rouen의 명물. 아몬드를 장식하지 않고 설탕가루로 완성하는 것도 있다.
→ Rouen(134쪽)

moka [모카]

남 1. 커피(콩)의 일종(커피콩을 수출했던 예멘의 항구 이름에서 유래됨)
2. 진하게 추출한 커피
3. 스펀지와 커피 풍미의 버터크림 케이크

mille-feuille [밀푀유]

mirliton [미를리통]

mont-blanc [몽블랑]

남 구운 머랭에 거품을 낸 생크림을 얹고 밤 페이스트로 만든 크림을 가느다란 면처럼 짜내어 덮은 것. 알프스의 산 이름에서 유래되었다.

mousse [무스]

여 무스
※ 녹인 초콜릿이나 과일 퓌레에 거품을 낸 생크림과 머랭을 더한 것. 디저트나 과자에 사용한다. 무스는 거품이라는 뜻.

nappage[나파주]

[남] 나파주, 겉에 바르는 것

※ 광택을 내고 보호하기 위해 바르는 잼. 애프리콧으로 만드는 블론드 색의 **nappage blond**〔~ 블롱〕과 시럽과 펙틴 등으로 만드는 무색투명한 **nappage neutre**〔~ 뇌트르〕가 있다.

→ **napper**(27쪽), **neutre**(40쪽)

navette[나베트]

[여] 나베트

※ 나베트**navette**는 기계에 사용하는 방추형의 '베틀의 북'으로, 그 형태가 닮았다는 것에서 이러한 이름이 지어졌다. '나베트 드 마르세유**navette de Marseille**(프랑스 남부의 항구 마을)'로 알려진 것은 오렌지의 꽃물**eau de fleur d'oranger**로 향을 낸 단단하게 건조시킨 과자로, 막대 모양이나 방추형태로 중앙에 세로로 칼집이 새겨져 있다. 이것은 성모의 취결례를 기리는 축일**Chandeleur**에 먹을 수 있다. 그 밖에 바르게트 틀**moule à barquette**을 사용한 배 모양의 타르틀레트로 나베트라고 부르기도 한다.

→ **Chandeleur**(161쪽 [부록] 행사), **eau de fleur d'oranger**(88쪽), **moule à barque-tte**(50쪽)

navette [나베트]

nids de Pâques[니 드 파크]

[남] 부활절**Pâques**에 만들어진 닭의 둥지를 본뜬 케이크. 마지팬이나 초콜릿으로 만든 닭과 병아리, 달걀을 장식한다. **nids**는 새 둥지를 뜻한다.

→ **Pâques**(161쪽 [부록] 행사)

nougat[누가]

[남] 누가

※ 바짝 졸인 시럽에 너트와 건조한 과일을 첨가하여 만드는 당과. 고온에 바짝 졸인 단단하고 갈색인 누가와 달걀흰자를 휘저어서 공기가 내포된 하얗고 부드러운 누가가 있다.

* nougat brun〔~ 브룅〕 갈색 누가, nougat noir〔~ 누아르〕 검은 누가, nougat blanc〔~ 블랑〕 하얀 누가, nougat au miel〔~ 오 미엘〕 벌꿀을 20% 이상 첨가한 누가.

nougat de Montélimar

[누가 드 몽텔리마르]

[남] 몽텔리마르의 누가

※ 아몬드 28%와 피스타치오 2% 이상을 포함한 하얀 누가에 붙은 이름. 원래는 프랑스 남부의 몽텔리마르 마을의 명물이었지만 전국적으로 만들어지고 있다.

→ **Montélimar**(133쪽)

nougat de Provence

[누가 드 프로방스]

[남] 프로방스**Provence**의 누가

※ 프로방스 지방에서 만들어진 벌꿀과 아몬드로만 만드는 검은 누가**nougat noir**.

→ **Provence**(134쪽)

nougatine[누가틴]

여 누가틴

※ 옅은 캐러멜 색으로 바짝 졸인 시럽에 아몬드 다이스를 첨가하여 섞어서 굳힌 것. 따뜻할 때 판 모양으로 늘여서 성형하고 세공 과자의 토대 등에 사용한다. 봉봉**bonbon**이나 사탕의 주재료로도 쓰인다.

→ **bonbon**

œuf de Pâques[외프 드 파크]

남 부활절**Pâques** 달걀

※ 달걀 껍데기에 색을 칠하거나 그림을 그린 것. 부활절 선물인 초콜릿으로 만든 달걀.

→ **Pâques**(161쪽 부록 행사)

œufs à la neige[외 아 라 네주]

남 플로팅 아일랜드

※ 삶은 머랭을 크렘 앙글레즈에 띄운 디저트. 아몬드 슬라이스나 플라리네를 뿌리거나 캐러멜 소스를 얹는다.

= **île flottante**

omelette[오믈레트]

여 1. (달걀 요리의) 오믈렛

2. (디저트의) 오믈렛

※ 원형으로 구운 비스퀴 반죽을 접어서 크림을 끼운 것.

* omelette norvégienne(~ 노르베지엔) 노르웨이풍 오믈렛, 베이크드 알래스카(비스퀴 등에 아이스크림을 올리고, 머랭으로 덮어서 플랑베flamber한 디저트).

⇒ 형 **norvégien / norvégienne**[노르베지앵/노르베지엔], 고 **Norvège**[노르베주] 노르웨이

→ **flamber**(21쪽)

Opéra[오페라]

남 비스퀴 조콩드**biscuit Joconde**, 커피 풍미의 버터크림, 가나슈를 층층이 겹쳐서 윗면을 초콜릿으로 덮은 직사각형의 케이크. 파리의 과자점 '달로와요**Dalloyau**'에서 탄생했다고 한다.

→ **biscuit Joconde**, **Dalloyau**(136쪽)

Opéra [오페라]

orangette[오랑제트]

여 오렌지 껍질의 설탕절임(오렌지 필)을 초콜릿으로 코팅한 것

pailleté feuilletine
[파유테 푀유틴]

남 데코레이션용으로 바삭하고 얇게 구운 반죽을 잘게 부순 것

※ 로얄틴**Royaltine**이라는 상표의 제품도 있다.

→ **pailleté**(46쪽)

pain[팽]

남 빵, 빵과 같은 형태의 과자

* pain de mie(~ 드 미) 식빵.

pain de Gênes[팽 드 젠]

남 팽 드 젠

※ 아몬드와 버터를 많이 배합한 구운 과자. **Gênes**은 이탈리아 마을 제노바의 프랑스식 이름.

→ **Gênes**(131쪽)

pain d'épice[팽 데피스]

남 팽 데피스(스파이스**épice**가 들어간 빵을 뜻함)

※ 베이킹파우더로 부풀린 달콤한 반죽에 각종 스파이스를 배합한 과자. 로프**loaf** 틀로 구워서 잘라 먹는 것, 새끼돼지나 하트 모양 틀 등으로 빼낸 쿠키와 같은 타입, 성 니콜라**Saint Nicolas**를 본뜬 것 등 지방에 따라 각양각색이다. 디종**Dijon**, 랭스**Reims**, 알자스**Alsace** 지방의 명물이기도 하다.

→ **épice**(89쪽), **Saint Nicolas**(138쪽), **Dijon**

(131쪽), Reims(134쪽), Alsace(129쪽)

pain perdu[팽 페르뒤]
남 프렌치토스트
※ 딱딱해진 빵을 다시 사용하기 위해 고안된 디저트로, 달걀, 우유, 설탕을 섞은 것에 담갔다가 버터에 구워 먹는다. (형 **perdu / perdue** 잃어버린, 못쓰게 된)

palmier[팔미에]
남 종려나무 잎 모양(하트 모양)의 파이
※ 설탕을 뿌린 패스추리 반죽**feuilletage sucré**으로 만든 과자.

papillote[파피요트]
여 나비 모양의 파이
※ 설탕을 뿌린 패스추리 반죽**feuilletage sucré**으로 만든 과자.

parfait[파르페]
남 아이스크림 기계를 사용하지 않고, 재료를 합쳐서 틀에 넣어 얼리기만 한 빙과. 파르페
※ 깊은 맛이 있고 부드러움. 달걀노른자를 베이스로 한 파타 봉브**pâte à bombe**에 거품을 낸 생크림을 섞은 것이나 설탕을 더한 프루트의 퓌레와 거품 낸 생크림을 섞은 것 등이 있다.
→ **pâte à bombe**

paris-brest[파리브레스트]
남 파리브레스트
※ 큰 링 형태로 구운 슈 반죽에 플라리네 풍미의 버터크림을 끼운 과자. 1981년에 파리**Paris**와 브르타뉴 반도의 항구 마을 브레스트**Brest** 간에 열린 자전거 레이스를 보던 쉐프가 자전거 타이어에서 영감을 얻어 만들었다고 한다.
→ **Brest**(130쪽)

pastille[파스티유]
여 드롭스, 평평한 캔디
* pastille de Vichy(~ 드 비시) 오베르뉴Auvergne의 비시Vichy의 명물. 온천수를 사용한 길쭉한 팔각형의 흰색 드롭스.
→ **Vichy**(134쪽)

pastis(단복동형)[파스티스]
남 파스티스. 프랑스 남서부 지방의 전통적인 과자
※ 달걀과 버터를 많이 사용한 발효 반죽, 또는 버터 반죽으로 만든다. 바닥면부터 주둥이가 크게 벌어진 국화 틀로 구운 볼록하게 부푼 형태(랑드 지방의 파스티스 랑데**pastis landais**, 파스티스 부리**pastis bourrit** 등)와 매우 얇은 반죽에 버터를 바른 것을 꽃잎처럼 겹쳐서 속을 채우고 구운 것(완성한 모습이 패스추리 반죽과 닮았다)이 있다. 후자는 제르**Gers**의 파스티스 오 폼므**pastis aux pommes**나 로트에가론**Lot-et-Garonne**의 파스티스 오 프룬**pastis aux pruneaux** 등으로 다른 이름인 쿠르스타드**croustade**, 투르티에르**tourtière**라고도 부른다.
→ **croustade**

pâte[파트]
여 반죽, 페이스트. (치즈의) 성질. (복수형 **pâtes**로) 파스타
* pâte à brioche(파타 브리오슈) 브리오슈 반죽. pâte de pistaches(~ 드 피스타슈) 피스타치오 페이스트. fromage à pâte molle(프로마주 아 ~ 몰) 속이 부드러운 치즈.

pâté[파테]
남 패스추리 반죽 안에 속을 채운 파이. 테린**terrine**(고기나 생선의 살을 갈아서 사용한 요리)
→ **terrine**(54쪽)

pâte à bombe[파타 봉브]
여 파타 봉브, 봉브 반죽
※ 달걀노른자에 시럽을 넣어 가열하면서 거품을 낸 것. 이름은 본래 봉브 글라세에 쓰이는 아파레유라는 점에서 지어졌다. 현재는 버터크림 베이스에 자주 사용된다.
→ **bombe glacée**

pâte à cake [파타 케크]

예 케이크(프루트케이크, 파운드케이크)의 반죽

pâte à choux [파타 슈]

예 슈 반죽

※ 물(또는 우유), 소금, 버터를 끓여서 밀가루를 넣고 호화시킨 다음 달걀을 넣고 만든다. 다양한 형태로 짜내어 굽는다. 풍선처럼 부풀어서 속이 빈 채로 구워지면 커스터드 크림을 채운다.

→ **chou à crème**

pâte à foncer [파타 퐁세]

예 퐁세 반죽. 단맛이 적은 과자용 시트 반죽, 바닥에 까는 파이 반죽의 총칭

※ 쉬크레 반죽이나 사블레 반죽과 비교하면 설탕의 배합 양이 매우 적다. 본래는 버터와 설탕, 달걀, 물을 섞은 다음 가루를 첨가해 혼합하는 반죽을 말한다(브리제 반죽과 차이점이 엄밀하지 않고 같은 반죽을 가리키는 경우도 있다).

→ **foncer**(21쪽), **pâte à brisée**, **pâte sucrée**, **pâte sablée**

pâte brisée [파트 브리제]

예 브리제 반죽. 바닥에 까는 용도의 파이 반죽을 총칭. 좁은 의미로는 단맛이 나지 않는 반죽을 가리킨다.

※ 기본적으로는 가루와 버터 등의 기름을 갈아 넣어서 설탕 상태로 만든 뒤에 소금, 수분을 더해 섞어 만든다. 앞서 합친 것과 기름이 글루텐의 형성을 억제하여 오도독한 식감이 된다. (브리제는 쪼개다, 부수다라는 의미의 동사 **briser**의 과거분사(과분 · 형) **brisé** / **brisée**[브리제])

→ **sabler**(33쪽), **pâte à foncer**

pâte d'amandes [파트 다망드]

예 마지팬

※ 아몬드와 설탕을 합쳐서 페이스트처럼 갈아서 으깬 것.

* pâte d'amandes crue(~ 크뤼) 로우 마지팬(아몬드와 설탕의 비율이 1:1인 것. 설탕을 가열하지 않고 소량의 달걀흰자와 함께 아몬드에 섞어 넣고 갈아서 만든다. 가열하지 않았기 때문에 '생'을 의미하는 크류crue(44쪽)가 붙는다). pâte d'amandes fondante(~ 퐁당트) 아몬드와 설탕의 비율이 1:2 이상인 마지팬. 아몬드에 바짝 졸인 시럽을 넣고 결정화한 것을 갈아서 만든다.

pâte de fruit [파트 드 프뤼]

예 프루트 젤리

※ 과일의 퓌레나 과즙에 설탕을 넣고 바짝 조려서 펙틴으로 굳힌 당과.

* pâte de framboises(파트 드 프랑부아즈) 프랑부아즈의 파트 드 프뤼(파트 드 ~ 라고 과일 이름을 붙여서 말하는 것은 그 과일만으로 만들었을 경우이다).

pâte feuilletée [파트 푀유테]

예 포개어 놓은 파이 반죽

= **feuilletage**

pâte levée [파트 르베]

예 발효 반죽

※ 이스트로 부풀린 반죽

→ **lever**(25쪽)

pâte sablée [파트 사블레]

예 사블레 반죽

※ 파이 반죽의 일종. 그중에서도 가장 버터의 배합이 많고 입에서 살살 녹을 정도로 입자가 약한 상태로 굽는다. 더욱 부드럽게 구워내기 위해서 베이킹파우더를 첨가하는 경우도 있다. 설탕, 달걀의 배합도 많기 때문에 풍미가 좋다. 타르트처럼 바닥에 까는 용으로는 그다지 사용하지 않고, 주로 틀로 찍어서 굽는 프티푸르 세크**petit-four sec**로 먹는다(사블레**sablée**는 '모래와 같은'이라는 의미로 형용사의 여성형).

→ **sabler**(33쪽), **sablé**, **crémer**(15쪽), **pâte sucrée**, **pâte brisée**

pâte sucrée [파트 쉬크레]

예 수크레 반죽, 달콤한 파이 반죽

※ 타르트 등에 쓰이는 파이 반죽의 한 종류. 밀가루에 버터, 설탕의 배합이 많고, 물을 넣지 않기 때문에 글루텐이 거의 형성되지 않아서 바삭하게 구워진다. 입자가 부슬부슬해서 형태를 잡기 어렵기 때문에 반죽을 틀에 깔아

넣고 살짝 데운 다음 크림이나 과일을 채우는 타르트에 잘 쓰인다. 버터와 설탕, 달걀을 섞고 난 다음에 밀가루를 합쳐서 만드는 경우가 많지만 브리제 반죽과 동일하게 만드는 방법도 있다.
→ pâte à foncer, pâte brisée

pâton[파통]
남 물을 넣어서 반죽한 밀가루 덩어리, 반죽의 1단위(기본 분량으로 만든 덩어리 하나)
※ 패스추리 파이 반죽 등으로 자주 사용되는 단위.

pavé[파베]
남 포석. 포석처럼 평평한 사각형의 초콜릿 과자(초콜릿 케이크, 또는 가나슈를 한입 크기의 사각형으로 굳혀서 코코아를 뿌린 초콜릿 과자)

pêches Melba[페슈 멜바]
여 피치 멜바, 복숭아 멜바풍
※ 시럽으로 조린 복숭아에 아이스크림을 첨가하여 프랑부아즈 퓌레를 얹은 디저트. 에스코피에Escoffier가 넬리 멜바라는 성악가를 위해 만들었다고 한다.
→ Escoffier, Auguste(136쪽)

pet(-)de(-)nonne[페드논]
남 페드논
※ 한입 크기의 튀긴 슈. 수녀님의 방귀, 수녀님의 한숨을 뜻함.
= soupir de nonne

petit beurre[프티 뵈르]
남 직사각형 모양에 테두리가 들쭉날쭉한 심플한 비스킷
※ 양산되고 있는 비스킷 중 가장 대표적인 것. LU사가 1886년부터 제조 판매.

petit-four([복수]**petits-fours**)
[프티푸르]
남 프티푸르, 한입 크기로 먹을 수 있도록 작게 만든 과자나 당과

pet(-)de(-)nonne [페드논]

petits-fours frais[프티푸르 프레]
남 생과자 프티푸르. 통상 과자를 한입 크기로 만든 것, 제누와즈나 비스퀴 등의 반죽에 크림을 발라서 설탕 옷을 입힌 프티프루 글라세 petit-four glacé, 프뤼 데기제fruit déguisé 등
→ fruit déguisé

petits-fours moelleux
[프티푸르 무알뢰]
남 부드러운 프티푸르, 마들렌이나 피낭시에, 마카롱 등의 반 생과자를 작게 만든 것

petits-fours salés[프티푸르 살레]
남 소금 맛의 프티푸르. 아페리티프나 술안주로, 손으로 집어서 한입에 먹을 수 있는 요리
→ saler(33쪽)

petits-fours secs
[프티푸르 세크]
남 마른 프티푸르. 비스킷이나 쿠키 등 마른 과자 종류

pièce-montée[피에스몽테]
남 대형 장식 과자. 과자점의 디스플레이, 또는 연회나 결혼식 등의 의식 후 식사회를 위해 만들어진다. 비스퀴나 슈 등 반죽을 사용한 과자 외에, 초콜릿이나 사탕처럼 세공한 것, 드라제 dragée 등의 당과를 조합하여 테마에 따라 연출한다.
→ dragée

pithiviers[피티비에]
남 패스추리 파이 반죽에 아몬드 크림을 감싼 과자
※ 표면의 방사 모양이 특징.
→ crème d'amandes, Pithiviers(134쪽)

pithiviers fondant

[피티비에 퐁당]

남 피티비에 퐁당

※ 아몬드 파우더를 듬뿍 넣은 버터 반죽을 평평한 원형으로 굽고, 설탕 옷을 입혀서 과일 설탕절임으로 장식한 과자. 피티비에Pithiviers(루아레에 있는 마을)의 명물로, 원래 형태의 피티비에라고 일컬어진다.

→ Pithiviers

pithiviers [피티비에]

poisson d'avril [푸아송 다브릴]

남 4월의 물고기

※ 4월 1일 만우절(프랑스에서는 푸아송 다브릴이라고 함)에 만드는 물고기 형태의 과자. 초콜릿 세공, 딸기 등의 과일로 크림을 채운 파이를 가리킨다.

→ poisson d'avril(161쪽 부록 행사)

pithiviers fondant
[피티비에 퐁당]

polonaise [폴로네즈]

여 브리오슈(또는 비스퀴나 제누아즈)에 럼주나 키르슈바서로 풍미를 더한 시럽을 부은 다음 설탕에 절인 과일이 들어간 커스터드 크림을 사이에 끼운 뒤, 전체를 머랭으로 덮어서 표면을 노릇하게 구운 것(식혀서 먹는다)

※ 폴로네즈는 폴란드Pologne〔폴로뉴〕의 형용사 polonais〔폴로네〕의 여성형이기도 하다.

polonaise [폴로네즈]

pompe à l'huile [퐁프 아 륄]

여 프랑스 남부인 프로방스Provence 지방에서 크리스마스에 먹는 빵

※ 올리브유를 넣은 빵 반죽에 오렌지나 레몬 껍질, 오렌지 꽃물eau de fleur d'oranger, 사프란, 아니스 등으로 풍미를 더하고, 평평한 원형으로 성형하여 한가운데에 여러 번 칼집을 내서 구운 것.

→ Provence(134쪽), eau de fleur d'oranger (88쪽), treize desserts

pompe à l'huille
[퐁프 아 륄]

pont-neuf [퐁뇌프]

남 커스터드 크림과 슈 반죽을 섞은 것을 채워서 구운 타르틀레트

※ 타르틀레트 틀에 패스추리 반죽이나 달지 않은 파이 반죽을 깔고 크림을 채워 가느다란 띠 모양의 반죽 두 가닥을 교차시켜서 얹고 굽는다. 속을 채울 때 쓰는 커스터드 크림에 럼

주나 부순 마카롱을 넣기도 한다. 새로운 다리라는 의미지만 센 강에 놓인 다리 중에서 현재 가장 오래된 다리의 이름이다.

praline [프랄린]

puits d'amour[퓌 다무르]

pot de crème [포 드 크렘]

남 항아리에 들어간 크림
※ 깊숙한 그릇에 만든 커스터드 푸딩의 일종. 부드럽게 그릇에서 스푼으로 떠먹는다.

potage [포타주]

남 포타주, 스프

pralin [프랄랭]

남 프랄랭(아몬드 파우더에 시럽을 넣어 결정화시켜서 소보로처럼 만든 것. 장식할 때 사용한다). 프랄리네
→ **praliné**

praline [프랄린]

여 1. 프랄린. 통 아몬드를 볶으면서 설탕 옷을 입힌 설탕과자
2. (벨기에에서) 알맹이가 큰 봉봉 쇼콜라
※ 갈색 외에 핑크색으로 착색한 것이 있다(사진).

praliné [프랄리네]

남 프랄리네
※ 카라멜을 뿌린 아몬드, 또는 그것을 페이스트처럼 걸쭉하게 만든 것.

profiterole [프로피트롤]

여 작은 슈
※ 작게 구운 슈에 크림을 채운 것. 겹쳐 쌓아서 초콜릿 소스 등을 뿌린 다음 디저트로 먹는다.

progrès [프로그레]

남 아몬드와 헤이즐넛 가루를 넣은 머랭. 그것을 이용한 과자
※ 진보라는 의미.

pudding [푸딩]

남 푸딩
※ 영어에서 차용.

puits d'amour [퓌 다무르]

남 퓌 다무르
※ 원통형의 패스추리 반죽 안에 크림을 채우고 표면에 설탕을 뿌려서 탄 자국을 낸 과자. 잼을 채우기도 한다. 사랑의 우물이라는 뜻.

punch [퐁슈]

남 1. 펀치
※ 와인에 시럽을 넣고 과일을 띄운 음료.
2. 스펀지 반죽에 촉촉함을 주기 위해 바르는 시럽
= **imbibage**
→ **puncher**(30쪽)

quatre-quarts[카트르카르]

남 파운드케이크

※ 4분의 4라는 의미로, 버터, 설탕, 달걀, 밀가루 등 4가지 재료의 양을 동일하게 해서 만든 케이크.

quiche[키슈]

여 키슈

※ 생크림, 달걀을 섞은 아파레유**appareil**와 햄과 베이컨, 치즈나 야채로 속을 채운 타르트**tarte**. 원래는 소금에 절인 돼지고기 삼겹살을 사용한 로렌**Lorraine** 지방의 요리로, 프랑스 전역에 널리 퍼져 있다.

→ **appareil**, **tarte**, **Lorraine**(132쪽)

religieuse[를리지외즈]

여 크고 작은 2개의 슈를 겹쳐서 초콜릿 풍미 같은 퐁당**fondant**을 얹은 과자

※ **religieuse**는 수녀를 의미함. 검은 설탕 옷 형태가 수녀의 모습을 연상시킨다는 점에서 이름이 지어졌다. 에클레어와 조합해서 크게 만드는 경우도 있다.

rissole[리솔]

여 원형의 패스추리 반죽, 또는 파이 반죽의 속을 채워서 반으로 접고 기름에 튀기거나 오븐에 구워서 만드는 과자, 혹은 요리

rocher[로셰]

남 머랭에 코코넛이나 아몬드 등을 넣고 원뿔 모양처럼 만들어서 구운 프티푸르

※ 바위산, 암벽을 뜻함.

roulé[룰레]

남 롤 케이크(형 **roulé** / **roulée**[룰레] 말린)

* roulé aux fraises[~ 오 프레즈] 딸기 롤 케이크.

→ **rouler**(32쪽)

religieuse [를리지외즈]

S

sabayon[사바용]

남 사바용

※ 달걀노른자에 설탕을 넣고 화이트와인을 조금씩 부으면서 폭신해질 때까지 휘저은 크림. 그대로 먹는 것 외에도 디저트 소스로 사용한다. 이탈리아 디저트, 자바이오네**zabaione**의 프랑스 이름.

sablé[사블레]

남 사블레

※ 버터를 많이 배합한 파삭한 쿠키.

→ **sabler**(33쪽)

sacristain[사크리스탱]

남 꼬인 파이, 트위스트 파이

※ 설탕을 뿌린 패스추리 반죽**feuilletage sucré**를 비튼 다음 구운 과자.

saint-honoré [생토노레] 📷

남 생토노레

※ 원형 브리제 반죽에 슈 반죽을 링 모양으로 짜서 굽고, 별도로 구워서 카라멜을 뿌린 작은 슈를 주위에 붙인 다음 그 안에 생토노레용 크림crème à saint-honoré(크렘 시부스트crème Chiboust)을 짜 넣은 큰 슈 과자. 성 오노레Saint-Honoré과 관련이 있다. 원래는 브리오슈 반죽으로 만든 것으로 파리의 생토노레 거리의 과자점 '시부스트Chiboust'에서 1846년에 처음 만들었다고 한다.

→ crème Chiboust, Chiboust(136쪽)

saint-honoré [생토노레]

Saint-Marc [생마르] 📷

남 생마르

※ 비스퀴 조콩드biscuit Joconde에 초콜릿 풍미와 바닐라 풍미의 크림을 2층으로 끼우고, 표면에 설탕을 뿌린 다음 태워서 완성하는 케이크. 성 마르코와 관련이 있다.

→ biscuit Joconde

Saint-Marc [생마르]

salade [살라드]

여 샐러드

* salade de fruits(~ 드 프뤼) 푸르트 샐러드.

salammbô [살랑보]

남 키르슈바서 또는 럼주 풍미의 크림을 채운 달걀 형태의 슈 과자

※ 플로베르의 동명 소설과 관련 있다.

sauce [소스]

여 소스

savarin [사바랭]

남 건포도를 넣지 않은 바바baba의 반죽을 링 모양으로 굽고 럼주 풍미의 시럽을 뿌린 다음 중앙에 크림이나 과일 등을 장식한 과자

→ baba, Brillat-Savarin(137쪽), moule à savarin(53쪽)

sirop [시로]

남 시럽, 당액

※ au sirop으로 시럽에 절인 과일을 가리킨다. 통조림, 병조림 등 보존식으로 만든다.

* poire au sirop(푸아르 오 ~) 서양배의 시럽절임, 시럽 조림.

→ conserve(140쪽)

sorbet [소르베]

남 셔벗

※ 과즙이나 퓌레, 술에 시럽을 넣고 휘저어서 공기를 포함하여 얼려서 만드는 빙과. 기본적으로는 달걀노른자, 유제품을 사용하지 않는다.

soufflé[수플레]

[남] 거품을 낸 달걀흰자를 넣어서 틀보다 높게 부풀린 따뜻한 디저트

※ 베이스는 커스터드 크림이나 과일 퓌레, 또는 버터로 볶은 밀가루를 우유로 늘려서 달걀노른자로 이은 것. 이것들의 베이스에 거품을 낸 달걀흰자를 넣어 구워서 만든다.

→ souffler(33쪽), moule à soufflé(53쪽)

soufflé glacé[수플레 글라세]

[남] 수플레 글라세, 차가운 수플레

※ 따뜻한 디저트의 수플레 형태를 본떠서 파타 봉브와 이탈리아 머랭을 합친 아파레유를 코코트 틀에 틀의 배 정도 높이가 되도록 채운 뒤 냉동고에서 식혀서 굳힌 빙과.

→ pâte à bombe

soupe[수프]

[여] 수프

soupir de nonne[수피르 드 논]

[남] 한입 크기의 튀긴 슈

※ 수녀의 한숨.

= pet(-)de(-)nonne

spéculoos[스페퀼로스]

[남] 플랑드르Flandre 지방에서 만들어지는 향신료와 조당cassonade 풍미의 쿠키(spéculos라고도 말한다)

※ 성 니콜라Saint Nicolas를 본떠서 만들고, 성 니콜라의 날(12월 6일)에 먹는다.

→ cassonade(76쪽), Flandre(131쪽), Saint Nicolas(138쪽)

succès[쉭세]

[남] 쉭세. 아몬드 파우더가 들어간 머랭을 원반형으로 굽고, 2장으로 플라리네 풍미의 버터크림을 끼운 과자

※ 성공이라는 의미가 있다.

sucette[쉬세트]

[여] 막대 사탕

sucre coulé[쉬크르 쿨레]

[남] 부어서 만드는 사탕(설탕공예의 기법 중 하나)

→ couler(15쪽)

sucre d'art[쉬크르 다르]

[남] 설탕공예

⇒ art[아르] [남] 기술, 예술

sucre de pomme[쉬크르 드 폼]

[남] 사과 사탕

※ 루앙Rouen의 명물. 사과 에센스를 첨가한 막대 사탕.

→ Rouen(134쪽)

sucre d'orge[쉬크르 도르주]

[남] 보리 사탕. 보리orge를 볶은 액을 착색해서 만든 사탕으로, 에비앙Evian-les-Bains(에비앙레뱅)이나 비시Vichy와 같은 온천지의 명물

※ 현재 보리는 쓰지 않고, 사과, 버찌, 벌꿀 등으로 풍미와 색을 입혀서 만들어진다. 형태도 막대 모양, 찍어낸 타블렛 모양 등 다양하게 있다.

→ Vichy(134쪽)

sucre filé[쉬크르 필레]

[남] 실 모양의 설탕, 설탕 실(설탕공예 기법 중 하나)

⇒ filer[필레] [타] 실 모양으로 만들다

sucre rocher[쉬크르 로셰]

[남] 암석 모양의 설탕, 암석 설탕(설탕공예 기법 중 하나)

sucre soufflé[쉬크르 수플레]

[남] 불어서 만든 설탕, 부풀린 설탕

→ souffler(33쪽)

sucre tiré[쉬크르 티레]

[남] 당겨서 만드는 설탕(설탕공예의 기법 중 하나)

→ tirer(34쪽)

tant pour tant[탕 푸르 탕]

남 탕 푸르 탕, 아몬드와 설탕을 같은 양씩 합쳐서 분말로 만든 것 (약어) T.P.T.

tarte[타르트]

여 타르트

※ 파이 반죽이나 패스추리 반죽을 틀에 깔아 넣고, 크림과 과일을 채워서 구운 과자. 반죽만 굽고 나서 속을 채우기도 한다.

tarte au sucre[타르트 오 쉬크르]

여 설탕 타르트

※ 플랑드르Flandere 지방 특산의 베르주아즈 vergeoise(황설탕)와 크림 등을 섞어서 발효 반죽에 바르고 구운 평평한 원형 과자.

→ Flandere(131쪽), vergeoise(77쪽)

tartelette[타르틀레트]

여 타르틀레트, 작은 타르트

tarte Linzer[타르트 린제르]

여 린저풍 타르트, 린저토르테(독일어 Linzer Torte)

※ 오스트리아 빈 과자인 린저토르테가 프랑스에 정착한 것. 너트파우더, 시나몬을 넣은 파이 반죽, 아몬드 크림, 프랑부아즈 잼으로 구성된 타르트. 표면에 띠 모양의 반죽을 격자 모양으로 덮어서 굽는 것이 특징이다(Linzer 형 오스트리아의 도시 린츠Linz).

tarte Tatin[타르트 타탱]

여 타르트 타탱

※ 캐러멜처럼 졸인 사과를 틀에 채워서 위에 파이 반죽을 덮고 뒤집어서 완성시키는 사과 타르트.

tarte Tatin [타르트 타탱]

tarte tropèzienne [타르트 트로페지엔]

여 생트로페 타르트

※ 아름다운 해변과 휴양지로 유명한 프로방스 지방의 생트로페Saint-Tropez에서 20세기 중반에 탄생한 발효 반죽 과자. 평평하고 큰 원형으로 구운 푸리오슈를 절반으로 자르고 버터크림과 커스터드 크림을 합친 크렘 무슬린crème mousseline에 럼주로 풍미를 입혀서 사이에 끼우고 설탕가루를 뿌린 다음 마무리한다.

→ brioche, crème mousseline

timbale[탱발]

남 원통형 파이에 속을 채운 요리나 과자

* timbale Élysée[~ 엘리제] 파리의 레스토랑인 '라세르Lasserre'의 디저트. 얇은 쿠키 반죽으로 만든 그릇에 아이스크림과 과일 시럽을 쌓고 프랑부아즈 소스를 뿌린다. 그 위에 크렘 샹티이crème chantilly를 짜고 실 모양의 설탕sucre filé으로 만든 돔을 덮은 것.

→ crème chantilly, sucre filé

tourte[투르트]

여 파이 반죽에 속을 채우고 위에도 반죽을 덮어서 구운 둥그스름한 요리나 과자

tourteau fromagé, tourteau poitevin [투르토 프로마제, 투르토 푸아트뱅]

여 치즈 투르토

※ 염소 치즈를 사용한 푸아투Poitou 지방의 과자. 표면을 새까맣게 태우는 것이 특징이다.

tourtière [투르티에르]

여 → pastis

treize desserts (de Noël) [트레즈 데세르(드 노엘)]

남 [복수] 크리스마스에 먹는 13개의 디저트, 트레즈 데세르

※ 프로방스Provence 지방의 전통으로, 크리스마스이브의 식사 후에 먹는 13종류의 디저트. 누가nougat, 칼리송calisson, 마르멜로coing의 파트 드 프뤼pâte de fruit, 과일 설탕 절임fruit confit, 베를랭고berlingot 등의 당과, 퐁프 아 륄pompe à l'huile이나 푸아스fouace(푸가스fougasse)와 같은 빵, 레이즌, 대추야자, 무화과 등의 건과일, 호두나무나 아몬드 같은 너트, 겨울 배나 사과 등의 생과일을 13종류 모아 담는다.

→ Noël, Provence, nougat, calisson, coing, pâte de fruit, fruit confit, berlingot, pompe à l'huile, fouace

truffe [트뤼프]

여 1. 서양 송로(검정색과 흰색이 있으며, 둥근 버섯)

2. 버섯인 트뤼프의 형태와 색을 모방한 한입 크기의 초콜릿 과자

※ 둥그스름한 가나슈를 커버처로 코팅해서 코코아나 설탕가루를 뿌린 것.

tuile [튈]

여 튈. 얇게 구운 쿠키를 몰드에 넣어 둥글게 만 기와 모양의 쿠키.

※ 튈은 기와를 뜻한다.

→ plaque à tuiles(53쪽)

* tuiles dentelles(~ 당텔) 레이스처럼 구멍이 뚫린 얇은 기와 형태의 쿠키(dentelle 여 레이스).

tourteau fromagé, tourteau poitevin [투르토 프로마제, 투르토 푸아트뱅]

visitandine [비지탕딘]

vacherin [바슈랭]

남 링 형태로 구운 머랭 중앙에 아이스크림과 크렘 샹티이를 채운 디저트. 머랭을 원반형으로 구워서 아이스크림을 끼우기도 한다.

viennoiserie [비누아즈리]

여 빵집에서 판매되는(만들어지는) 식사용 빵 이외의 제품. 발효 패스추리 반죽이나 버터, 달걀, 우유, 설탕을 듬뿍 첨가한 발효 반죽으로 만든 크루아상, 브리오슈, 팽 오 쇼콜라 등의 빵 외에도 쇼송chausson 같은 과자류도 포함한다.

→ chausson

visitandine [비지탕딘]

여 비지탕딘. 피낭시에와 비슷한 아몬드 풍미의 반죽을 작은 배 모형이나 원형으로 구운 과자

지명

Agen[아쟁]

고 아키텐Aquitaine 지역권 로트에가론Lot-et-Garonne 도의 도청소재지. 주변이 자두 특산지로, 건자두와 건자두를 사용한 과자가 유명하다.

→ **prune d'Ente**(87쪽 자두의 품종), **pruneau**(86쪽)

Aix-en-Provence

[엑상프로방스]

고 엑상프로방스. 프로방스 지방의 마을. 칼리송**calisson**이 명물

→ **calisson**(101쪽)

Allemagne[알마뉴]

고여 독일 (고형 · 명 **allemand / allemande**[알망/알망드])

Alsace[알자스]

고여 알자스 지방. 현재의 지역권 알자스와 일치. 중심도시는 스트라스부르**Strasbourg**. 독일과의 국경에 있고, 과자도 독일의 영향을 받고 있다. 발효 반죽으로 만드는 쿠글로프, 슈트로이젤을 사용한 타르트 등이 대표적(고형 · 명 **alsacien / alsaciene**[알자시앵/알자시엔])

* tarte à l'alsacienne(타르트 아 랄자시엔) 알자스풍 타르트.

→ **kouglof**(113쪽)

Amérique[아메리크]

고여 아메리카, 아메리카 대륙(고형 · 명 **américain / américaine**[아메리캥/아메리켄])

※ 아메리카합중국은 **Les États-Unis**(레 제타쥐니).

* Amérique du Nord(~ 뒤 노르) 북아메리카, Amérique du Sud(~ 뒤 쉬드) 남아메리카.

Amiens[아미앵]

고 아미앵. 피카르디**Picardie** 지방의 중심지. 솜**Somme** 도의 도청소재지

→ **macaron d'Amiens**(114쪽)

Angers[앙제]

고 앙주**Anjou** 지방의 중심지. 멘에루아르**Maine-et-Loire** 도의 도청소재지

Angleterre[앙글르테르]

고여 영국, 잉글랜드(고형 · 명 **anglais / anglaise**[앙글레/앙글레즈])

→ **crème anglaise**(105쪽)

* cuire à l'anglaise(퀴르 아 랑글레즈) 소금물에 데치다.

Anjou[앙주]

고남 앙주 지방. 프랑스 북서부, 루아르 강 하류의 앙제**Angers**를 중심으로 하는 지역

→ **crémet d'Anjou**(106쪽)

Artois[아르투아]

고남 아르투아 지방. 현재의 노르파드칼레**Nord-Pas-de-Calais** 지역권의 서부와 상응한다.

Auvergne[오베르뉴]

고여 오베르뉴 지방. 현재의 오베르뉴 지역권의 남부(북부는 부르보네 지방). 거의 프랑스의 중앙으로, 중앙 산괴**le Massif central**(르 마시프 상트랄)이라고 불리는 산악지대. 목축이 발달했다.

Béarn[베아른]

고남 베아른 지방. 아키텐 지방. 아키텐 지역권 남부, 피레네자틀랑티크**Pyrénées-Atlantiques**에 해당한다.

Berry [베리]

고남 베리 지방. 프랑스 중앙부, 현재 앵드르Indre, 셰르Cher에 해당한다.

Bordeaux [보르도]

고 보르도 시(市). 아키텐 지역권의 중심도시로, 지롱드Gironde 도의 도청소재지(**bordeaux** 형 와인색의, 짙은 자주색의 **Bordeaux** 남 보르도 와인)

→ **cannelé de Bordeaux**(102쪽)

Bordelais [보르들레]

고남 보르도 지방. 보르도 시와 주변의 가론강을 가로지르는 지역으로, 양질의 레드 와인 산지(고형 · 명 **bordelais** / **bordelaise**[보르들레/보르들레즈] 보르도 시의, 보르도 지방의)

Bourbonnais [부르보네]

고남 부르보네 지방. 프랑스 중부, 알리에Allier에 해당한다. 현재의 오베르뉴 지역권의 북부

Bourgogne [부르고뉴]

고여 부르고뉴 지방. 현재의 부르고뉴 지역권에서 니에브르Nièvre를 제외한 범위에 거의 상응한다. 중심도시는 디종Dijon. 고급 와인의 산지(고형 · 명 **bourguignon** / **bourguignonne**[부르기뇽/부르기뇬])

Brest [브레스트]

고 브르타뉴 반도 상단의 항구 마을. 피니스테르Finistère

→ **paris-brest**(119쪽)

Bretagne [브르타뉴]

고여 브르타뉴 지방. 프랑스 북서부의 반도. 현재 지역권 이름이기도 하다. 목축이 발달했다. 사과주(시드르cidre)의 산지. 크레프crêpe나 갈레트galette가 유명하다(고형 · 명 **breton** / **bretonne**[브르통/브르톤]).

→ **far breton**(108쪽), **gâteau breton**(111쪽), **galette bretonne**(110쪽), **kouign-amann**(113쪽)

Catalogne [카탈로뉴]

고여 카탈루니아, 카탈로니아. 바르셀로나를 중심으로 하는 스페인 동북부지방(고형 · 명 **catalan** / **catalane**[카탈랑/카탈란])

→ **crème catalane**(105쪽)

Cavaillon [카바용]

고 카바용. 프랑스 남부, 콩타브네생Comtat Venaissin 지방(보클뤼즈Vaucluse)의 마을. 주변은 조생 채소와 과일 재배가 발달했고, 특히 멜론이 유명하다. **15**세기 이전부터 재배되었다는 기록이 있다.

→ **Charentais**(83쪽 멜론의 품종)

Champagne [샹파뉴]

고여 샹파뉴 지방. 샹파뉴아르덴 지역권에 상응한다. 발포성 와인의 산지

→ **champagne**(90쪽)

Chantilly [샹티이]

고 샹티이. 피카르디 지역권의 도시. 파리의 북부. 샹티이 성이 유명하다.

Charentes [샤랑트]

고여 샤랑트 지방. 푸아투샤랑트 지역권의 남부로, 고급 버터와 코냑의 산지이다.

Chine [신]

고여 중국(고형 · 명 **chinois** / **chinoise**[시누아/시누아즈])

※ 남성명사의 **chinois**는 원뿔형의 용수를 가리킨다.

→ **chinois**(66쪽)

Commercy [코메르시]

고 코메르시. 로렌Lorraine 지방의 마을. 마들렌은 이 마을 출신의 마들렌이라는 이름의 여성이 만들었다는 설이 있어서 명물이 되었다.

→ **madeleine**(115쪽)

Comtat Venaissin [콩타 브네생]

고남 콩타브네생 지방. 프랑스 남부의 보클뤼즈Vaucluse에 해당하는 지역. 채소, 과일의 재

배가 발달했다. 카바용Cavaillon의 멜론이 유명하다.

Comté de Foix[콩테 드 푸아]

고남 푸아 백작령. 프랑스 남서부의 피레네 산맥에 면하는 내륙지방의 구 호칭

Comté de Nice[콩테 드 니스]

고남 니스 백작령. 프랑스 남부 지중해 연안의 니스를 중심으로 한 지방의 옛 호칭.

Corse[코르스]

고여 코르시카 섬. 지중해 프랑스령의 섬

Dauphiné[도피네]

고남 도피네 지방. 현재의 론알프 지역권의 남부로, 호두나무가 유명한 그르노블Grenoble, 누가로 유명한 몽텔리마르Montélimar 등의 마을이 있다(고형 · 명 **dauphinois / dauphinoise**[도피누아/도피누아즈])

Dax[닥스]

고 프랑스 남서부 랑드Landes의 온천이 있는 마을. 다쿠아즈의 발상지(고형 · 명 **dacquois / dacquoise**[다쿠아/다쿠아즈])

→ dacquoise(107쪽)

Dijon[디종]

고 디종. 부르고뉴Bourgogne 지방의 중심지로, 코트도르Côte-d'Or 도의 도청소재지. 머스터드moutarde, 카시스 리큐어crème de cassis, 팽 데피스pain d'épice가 유명하다.

→ moutarde(89쪽), crème de cassis(90쪽), pain d'épice(118쪽)

Douarnenez[두아르느네]

고 브르타뉴 반도의 피니스테르Finistère에 있는 마을. 퀴냐만kouign-amann의 발상지

→ kouign-amann(113쪽)

Échiré[에시레]

고 프랑스 중서부, 푸아투 지방의 시골. 예전부터 낙농업이 발달한 지방으로, 특히 에시레의 낙농조합이 전통적인 제조법으로 만드는 버터가 유명하다.

* beurre d'Échiré(뵈르 데시레) 에시레 버터, 에시레산 버터.

Europe[외로프]

고여 유럽(고형 · 명 **européen / européenne**[외로페앵/외로페엔])

* Union européenne(위니옹 외로페엔) 유럽연합. 영어로는 EU(European Union)

Flandre[플랑드르]

고여 플랑드르 지방. 프랑스 북부(노르Nord), 네덜란드 남부, 벨기에 서부를 포함한 지방. 프랑스 최북부인 이 곳에서는 맥주와 와플gaufre 등, 요리나 과자가 벨기에와 매우 비슷하다.

→ gaufre(112쪽)

France[프랑스]

고여 프랑스(고형 · 명 **français / française**[프랑세/프랑세즈])

Franche-Comté[프랑슈콩테]

고여 프랑슈콩테 지방. 현재의 지역권과 거의 일치한다. 쥐라Jura 산맥을 끼고 스위스와 맞닿아 있다. 기백이 넘치고 풍광이 빼어난 지방

Gascogne[가스코뉴]

고여 가스코뉴 지방. 프랑스 남서부의 제르Gers, 랑드Landes에 해당한다.(고형 · 명 **gascon / gasconne**[가스콩/가스콘])

Gênes[젠]

고 이탈리아 서부의 항구 마을 제노바(고형 · 명 **génois / génoise**[제누아/제누아즈]

→ **génoise**(112쪽), **pain de Gênes**(118쪽)

Grenoble[그르노블]

[고] 그르노블. 도피네**Dauphiné** 지방의 도시. 이제르**Isère** 도의 도청소재지. 호두가 산지인 것으로 알려져 있다([고형]·[명]**grenoblois / grenobloise**[그르노블루아/그르노블루아즈]).

※ 과자 중에서 그르노블식**à la grenobloise**〔아 라 그르노블루아즈〕이라고 하면 호두를 사용한 것을 가리킨다.

Guérande[게랑드]

[고] 게랑드

※ 브르타뉴 반도의 남쪽, 바다를 끼고 있으며 양질의 해염(海鹽)으로 유명한 곳.

Guyenne[귀엔]

[고여] 귀엔 지방. 닥스**Dax**, 보르도**Bordeaux**를 포함한 프랑스 남서부의 대서양 해안 지역

→ **Bordeaux, Dax**

Isigny[이지니]

[고] 이지니. 노르망디 지방의 마을. 이 토지에서 나는 원료유를 사용하여 전통적인 제조법으로 만드는 생크림과 버터는 법으로 보호받고 있기 때문에, 마을 이름을 붙여서 판매한다.

* beurre d'Isigny〔뵈르 디지니〕 이지니 버터, crème d'Isigny〔크렘 디지니〕 이지니의 크림(생크림).

→ **A.O.C.**(139쪽)

Italie[이탈리]

[고여] 이탈리아([고형]·[명]**italien / italienne**[이탈리앵/이탈리엔])

→ **meringue italienne**(115쪽)

Landes[랑드]

[고여] 랑드 지방. 아키텐 지역권 남부의 연안 지역, 랑드에 해당한다([고형]·[명]**landais / landaise**[랑데/랑데즈]).

* pastis landais〔파스티스 랑데〕 랑드 파스티스 (pastis → 119쪽)

Languedoc[랑그도크]

[고남] 랑그도크 지방. 프랑스 남서부의 지중해 연안 지역

Liège[리에주]

[고] 벨기에의 도시([고형]·[명]**liégeois / liégeoise**[리에주아/리에주아즈])

* gaufre (à la) liégoise〔고프르 (아 라) 리에주아즈〕 리에주식 와플.

* café liégois〔카페 리에주아〕 유리잔에 담은 아이스크림에 거품을 낸 생크림을 얹어서 소스를 뿌린 커피 풍미의 디저트. 쿠프 글라세coupe glacée의 일종.

→ **coupe 2.**(56쪽)

Limoges[리모주]

[고] 리모주. 리무쟁**Limousin** 지방의 중심지. 오트비엔**Haute-Vienne** 도의 도청소재지. 고급자기를 만드는 것으로 유명하다.

Limousin[리무쟁]

[고남] 리무쟁 지방. 현재의 지역권과 일치. 프랑스 중부의 중앙산괴**le Massif central**〔르 마시프 상트랄〕의 서쪽 지역으로, 질이 좋은 소고기가 유명하다. 중심도시는 자기의 산지로 알려진 리모주**Limoges**.

* clafoutis du Limousin〔클라푸티 뒤 ~〕 리무쟁 클라푸티.

→ **clafoutis**(103쪽)

Lorraine[로렌]

[고여] 로렌 지방. 현재의 지역권과 일치. 중심도시는 메스**Metz**. 마들렌**madeleine**이나 바바**baba**는 이 지방이 발상지라고 일컬어진다([고형]·[명]**lorrain / lorraine**[로랭/로렌])

* gâteau lorraine aux mirabelles〔가토 ~ 오 미라벨〕 미라벨(플럼)이 들어간 로렌식 가토.

Lyon[리옹]

[고] 리옹. 론알프 지역권의 중심지. 론**Rhône** 도의 도청소재지. 파리에 버금가는 대도시로, 파리에서 남프랑스로 가는 선상에 있다. 견직물로 유명. 미식의 도시라고 불리며《미쉐린가이

지명 Ⓖ↓Ⓛ

드》에 실린 레스토랑이 많다.
→ **coussin de Lyon**(104쪽)

Lyonnais[리오네]
고 리오네 지방. 론알프 지역권의 일부로, 론 **Rhône**과 루아르**Loire**에 해당한다. 리옹**Lyon**을 중심으로 하는 지역

Maine[멘]
고남 멘 지방. 페이드라루아르 지역권의 북부 2도에 거의 해당한다.

Montélimar[몽텔리마르]
고 몽텔리마르. 드롬**Drôme**에 있는 도시. 누가로 유명
→ **nougat de Montélimar**(117쪽)

Nancy[낭시]
고 낭시. 로렌 지방의 옛 수도. 미식가로 알려진 레슈친스키**Leszczynski**공의 궁정이 있고, 18세기에 번영했다.
* gâteau au chocolat de Nancy(가토 오 쇼콜라 드 ~) 너트 파우더를 가미하여 감칠맛이 나는 초콜릿 케이크.
→ **Leszczynski**(137쪽)

Naples[나플]
고 나폴리. 이탈리아의 남부 도시(고형 · 명 **napolitain** / **napolitaine**[나폴리탱/나폴리텐])
* tranche napolitaine (→ 43쪽).

Nevers[느베르]
고 부르고뉴 지역권, 니에브르**Nièvre** 도의 도청소재지. 구 니에브르**Nivernais** 지방의 중심

Nivernais[니베르네]
고남 니에브르 지방. 프랑스 중부, 현재의 니에브르**Nièvre**에 해당하며, 도청소재지는 느베르**Nevers**이다(고형 · 명 **nivernais** / **nivernaise** [니베르네/니베르네즈]).

Normandie[노르망디]
고여 노르망디 지방. 현재의 지역권에서는 바스노르망디**Basse-Normandie**와 오트노르망디**Haute-Normandie**로 나뉜다. 목축이 발달하여 유제품이 풍부하다. 또한 사과 생산지로, 시드르**cidre**나 칼바도스**calvados**를 생산한다(고형 · 명 **normand** / **normande**[노르망/노르망드]).
→ **cidre**, **calvados**(이상 90쪽)

Orléanais[오를레아네]
고여 오를레아네 지방. 상트르 지역권의 북부. 중심도시는 다음 순서에 등장하는 오를레앙. 루아르 강의 중류 지역으로 비옥한 토지. 역사적으로 과수, 채소, 곡식 등의 재배가 발달했다.

Orléans[오를레앙]
고 상트르 지역권, 루아레**Loiret** 도의 도청소재지. 잔 다르크와 관련된 마을. 마르멜로 젤리, 코티냐크**cotignac**가 명물(고형 · 명 **orléanais** / **orléanaise**[오를레아네/오를레아네즈])
→ **cotignac**(104쪽)

Paris[파리]
고남 프랑스의 수도(고형 · 명 **parisien** / **parisienne** [파리지앵/파리지엔])

pays[페이]
남 나라, 지방, 지역

Pays basque[페이 바스크]
고남 바스크 지방. 피레네 산맥 내의 프랑스와 스페인 사이에 걸친 지역. 독자적인 문화와 풍습이 짙은 지역. 이 지방의 과자로는 베레모 모양의 초콜릿 케이크, 베레 바스크**béret basque**나 가토 바스크**gâteau basque**가 있다(고형 · 명 **basque**, **basquais** / **basquaise**[바스케/바

스케즈]).
→ **gâteau basque**(111쪽)

Picardie[피카르디]
고여 피카르디 지방. 현재의 지역권이기도 하다. 아미앵**Amiens**이 중심도시

Pithiviers[피티비에]
고 피티비에. 상트르 지역권, 루아레**Loiret**에 있는 마을. 오를레앙**Orléans**에서 북쪽으로 **50km**. 동명의 과자로 유명하다.
→ **pithiviers, pithiviers fondant**(이상 122쪽)

Poitou[푸아투]
고남 푸아투 지방. 프랑스 서부, 푸아투샤랑트 지역권의 북쪽 절반을 차지한다.

Provence[프로방스]
고여 프로방스 지방. 프랑스 남동부의 지중해 연안 지역

Quimper[캥페르]
고 브르타뉴 반도의 피니스테르 **Finistère** 도의 도청소재지
→ **crêpe dentelle**(106쪽)

Reims[랭스]
고 랭스. 상파뉴(샴페인) 생산의 중심지. 마른 **marne**에 있는 마을
※ 현재의 상파뉴 아르덴 지역권의 중심도시(마른의 도청소재지)는 샬롱쉬르마른**Châlons-sur-Marne**
→ **biscuit de Reims**(99쪽), **Champagne**

Rouen[루앙]
고 루앙. 오트노르망디 지역권의 중심도시로, 센마리팀**Seine-Maritime** 도의 도청소재지. 사과 사탕**sucre de pomme**, 미를리통**mirliton** 등이 있다.
→ **mirliton**(116쪽), **sucre de pomme**(126쪽)

Roussillon[루시용]
고 루시용 지방. 피레네 산맥의 동쪽 끝에 지중해와 맞닿아 있다. 피레네조리앙탈**Pyrénées-Orientales**에 속해 있다.

Russie[뤼시]
고여 러시아(고형 · 명 **russe**[뤼스] 남성명사 **russe**는 한손 냄비 = **casserole**를 뜻하기도 한다.)

Savoie[사부아]
고여 사부아 지방. 스위스, 이탈리아와 국경을 접한다. 론알프 지역권의 사부아, 오트사부아 **Haute-Savoie**에 속한다.
→ **biscuit de Savoie**(99쪽)

Suisse[스위스]
고여 스위스(고형 · 명 **suisse**[스위스])
→ **meringue suisse**(116쪽)

Touraine[투렌]
고여 투렌, 투렌 지방. 투르**Tours**를 중심으로 한 지역. 상트르 지역권의 서부

Tours[투렌]
고 투렌**Touraine** 지방의 중심지. 앵드르에루아르**Indre-et-Loire** 도의 도청소재지. 루아르 강 연안의 옛 수도

Vichy[비시]
고 비시. 오베르뉴 지역권, 알리에**Allier**의 온천보유지로 유명한 마을(고형 · 명 **vichyssois** / **vichyssoise**[비시수아/비시수아즈])
* crème vichyssoise(크렘 비시수아즈) 감자와 부추로 만든 차가운 크림스프.
→ **pastille**(119쪽)

Vienne[비엔]
고여 **1.** 오스트리아의 수도 빈(고형 · 명 **viennois**

/ **viennoise**[비에누아/비에누아즈])
* pain viennois(팽 비에누아) 빈식 빵(정백된 밀가루로 만든 고급 빵).
2. 프랑스의 도(푸아투**Poitou** 지방)
3. 프랑스의 마을(도피네**Dauphiné** 지방, 이제르**Isère**)

인명 · 점명 · 협회명 등

인명 · 점명

Angélina[앙젤리나]

안젤리나(과자점). 1903년 창업한 파리의 살롱 드 테. 몽블랑으로 유명하다.

→ salon de thé(144쪽), mont-blanc(116쪽)

Avice, Jean[장 아비스]

장 아비스. 19세기 제과사 장인. 파리의 고급 과자점 '바이Bailly'에서 앙토냉 카렘Carême → Carême, Antonin이 일하고 있을 때의 제과장

Bérnachon[베르나숑]

베르나숑(과자점). 카카오 콩을 볶고 초콜릿을 직접 만들어내는 리옹Lyon의 초콜릿 전문점. 창립자는 모리스 베르나숑Maurice Bérnachon(1919~1999). 과자류도 다루고 있다.

→ gâteau du président(111쪽)

Bocuse, Paul[폴 보퀴즈]

폴 보퀴즈(1926~2018). 프랑스를 대표하는 요리사. M.O.F., 레지옹도뇌르 훈장Légion d'honneur(슈발리에chevalier) 수상자. 론에 위치한 콜롱주오몽도르Collonges-au-Mont-d'Or에서 1965년부터 미쉐린가이드 별 3개를 유지하고 있는 레스토랑 '폴 보퀴즈'의 오너 쉐프

→ M.O.F.(138쪽), gâteau du président(111쪽)

Brillat-Savarin, Jean-Anthelme

[장앙텔므 브리야사바랭]

장앙텔므 브리야사바랭(1755~1826). 프랑스의 사법관이자 저술가. 학문으로 미식(가스트로노미gastronomie)을 이야기한《미각의 생리학Physiologie de Goût》을 저술했다. 동명의 이름을 붙인 이스트 과자인 사바랭이 유명하다.

→ savarin(125쪽)

Carême, Antonin[앙토냉 카렘]

앙토냉 카렘(1784~1833년). 요리사, 제과사 장인. 고급 과자점 '바이Bailly'에서 일하고 있을 때 샤를모리스 드 탈레랑페리고르(프랑스의 정치가)의 눈에 띈다. 영국의 섭정왕태자(훗날 조지 4세), 러시아 황제 알렉산더 1세, 오스트리아 빈 궁정의 영국 대사, 로스차일드 남작 가문 등, 유럽 각지의 왕후귀족 밑에서 요리장, 총괄 책임자로서 솜씨를 발휘하며 호화스러운 요리와 앙트르메, 피에스몽테(대형으로 장식한 과자)의 기록을 남겼다.

→ entremets(108쪽), pièce-montée(121쪽)

Chiboust[시부스트]

시부스트. 19세기에 파리의 생토노레 거리에 가게를 연 제과사 장인. 생토노레saint-honoré(125쪽), 크렘 시부스트crème Chiboust(105쪽)

Dalloyau[달루아요]

달로와요(과자점)(역주- 프랑스어의 우리말 표기법에 따르면 '달루아요'이지만 한국어 공식 브랜드 명칭은 '달로와요'). 1802년 창업. 파리의 오페라 극장을 상상해서 만들었다고 하는 초콜릿 과자 오페라Opéra는 1955년에 시리아크 가바용Cyriaque Gavaillon이 고안했고, 아내인 앙드레가 이름을 붙였다.

→ Opéra

Escoffier, Auguste

[오귀스트 에스코피에]

오귀스트 에스코피에(1846~1935). 요리사. 런던의 '사보이 호텔', '칼튼 호텔'의 요리장으로 활약했다.《요리의 첫걸음Le Guide Culinaire》(1903)을 저술했고, 현대 프랑스 요리의 기초를 닦았다고 할 수 있다. 에스코피에가 고안했다고 하는 요리나 과자는 상당하며, 페슈 멜바pêches Melba도 그중 하나이다.

→ pêches Melba(121쪽)

Julien, Arthur, Auguste et Narcisse[아르튀르 오귀스트 에 나르시스 쥘리앵]

1820년 즈음부터 활약한 제과사 장인인 쥘리앙 삼형제. 바바를 응용해서 사바랭savarin, 트루아프레르trois-frères를 고안했다.
※ 트루아프레르는 거품을 낸 달걀과 설탕에 쌀가루와 녹인 버터를 넣어서 마라스키노marasquin나 럼주로 향을 내어 트루아프레르 틀에 굽고, 원형으로 구운 사브레 반죽 위에 올려서 애프리콧 잼을 발라 아몬드, 앙젤리크angélique를 장식한 것. 클래식한 과자로 지금은 거의 만들어지지 않지만 틀은 알려져 있다.
→ savarin(125쪽), trois-frères(54쪽), marasquin(91쪽), angélique(78쪽)

Lacam, Pierre[피에르 라캉]

피에르 라캉(1836~1902). 요리사, 제과사 장인. 파리의 '라뒤레ladurée'의 제과장. 많은 종류의 과자를 고안했고, 《과자에 대한 역사와 지리 비망록Mémorial historiqueet géographique de la pâtisserie》를 기술했으며, 전통적인 과자와 외국의 과자를 소개했다.

Ladurée[라뒤레]

라뒤레(과자점). 1862년에 파리에서 빵집으로 창업했다. 훗날 과자점, 카페로 업종을 바꾸었고, 곧이어 그 두 가지를 융합한 살롱 드 테salon de thé를 개업했다. 내부 인테리어가 화려한 것으로 알려져 있다.
→ Lacam, Pierre, salon de thé(144쪽)

Lenôtre, Gaston[가스통 르노트르]

가스통 르노트르(1920~2009). 제과사 장인. 1957년에 파리에서 가게를 열었다. 1971년에 조리, 제과기술 학교를 창설했다. 처음 과자 레시피를 수직화한 것으로 과자 기술의 보급에 공헌했으며, 현대 프랑스 과자의 발전에 기여했다. 많은 제과사 장인에게 영향을 주었고 제자로는 후에 릴레 데세르Relais Dessert의 초대 회장이 되는 뤼시앙 펠티에Lucien Peltier, 알자스 자크Jacques의 제라르 반바르트Gérard Bannwarth 등이 있다.
→ Peltier, Lucien

Leszczynski, Stanislaw[스타니슬라브 레슈친스키]

스타니슬라브 레슈친스키, 스타니슬라브 1세(1677~1766). 폴란드 왕. 1736년에 퇴위하고 로렌 공이 된다. 로렌Lorraine 지방의 낭시Nancy에 궁정을 꾸몄다. 미식가로 알려져 있다. 바바baba라는 이름을 지은 어버이라고 한다. 루이15세 왕비의 부친.
→ Lorraine(132쪽), Nancy(133쪽), baba(97쪽)

Peltier, Lucien[뤼시앙 펠티에]

뤼시앙 펠티에(1941~1991). 가업을 잇고 1972년에 파리에 있는 '펠티에Peltier'의 오너 쉐프가 된다. 자신의 감성으로 새로운 과자를 표현하는 스타일로 '60~70년대의 누보 가토'(새로운 과자)라는 흐름을 만들고, 그 후의 프랑스 과자에 영향을 끼쳤다. 릴레 데세르Relais Dessrt(→ 138쪽)의 초대 회장

Point, Fernand[페르낭 푸앵]

페르낭 푸앵(1897~1955). 리오네Lyonnais 지방 비엔Vienne의 레스토랑 '피라미드Pyramide'의 주인 겸 요리사. 자동차의 보급과 함께 주목받기 시작한 대표적인 지방 레스토랑이었다. 간소화하고 재료 본연의 맛을 살린 페르낭 푸앵의 새로운 프랑스 요리를 먹기 위해 '피라미드'에는 세계 각지의 미식가들이 모이는 바람에 '미식의 전당'이라고 불리기도 했다. 그 '피라미드'의 디저트로 알려진 가토 마르졸렌gâteau marjolaine은 페르낭 푸앵이 고안한 것이다.
→ gâteau marjolaine(112쪽)

Procope[프로코프]

프로코프(카페). 이탈리아인 프란세스코 프로코피오 데이 콜텔리Francesco Procopio dei Coltelli(1650~미상)가 1686년에 파리에 가게를 열었고, 이것이 카페의 원형이라고 일컬어진다. 과실, 바닐라를 사용한 아이스크림이 호평을 얻었다.

Saint Nicolas[생 니콜라]

성 니콜라, 성 니콜라우스(270년경~345년 또는 352년). 가톨릭교의 성인. 고대 로마시대의 사제. 이 성인이 산타클로스의 기원이라는 설도 있다. 12월 6일은 성 니콜라의 날이라고 하여, 벨기에와 독일, 프랑스 북부 등에서는 그 전날 밤에 당나귀를 탄 성 니콜라가 착한 아이에게 과자를 나눠준다는 전승에 따라 아이들에게 선물을 주는 풍습이 있다.

협회 · 콘테스트 외

Coupe du Monde de la Pâtisserie

[쿠프 뒤 몽드 드 라 파티스리]

쿠프 뒤 몽드 드 라 파티스리(콩쿠르). 프랑스의 리옹 교외에서 개최되는 국제외식산업 견본시(SIRHA) 회장에서 행해지는 제과기술 콩쿠르

M.O.F., Meilleurs Ouvriers de France

[모프, 메이외르 우브리에 드 프랑스]

메이외르 우브리에 드 프랑스(콩쿠르), 줄여서 M.O.F. 프랑스 최우수 장인. 콩쿠르 형식의 엄격한 심사를 통과한 자에게 주어지는 칭호. 요리, 제과 모두 포함해서 다양한 분야의 장인들이 지닌 기술을 높이기 위해 마련된 대회이다.

Relais Dessert[를레 데세르]

를레 데세르(협회조직). 1981년 프랑스에서 설립된 제과사 장인(과 초콜릿 장인)의 기술 향상을 목적으로 발족한 협회. 초대 회장은 뤼시앙 펠티에Lucien Peltier. 회원은 전 세계에 퍼져 있다.

→ Peltier, Lucien

그 밖에

aliment[알리망]
남 음식, 식품
→ **alimentaire**(43쪽)

A.O.C.[아오세]
남 원산지 통제명칭, 원산지 관리호칭. **appellation d'origine contrôlée**의 줄임말
※ 프랑스의 특정 지역에서 전통적인 제법, 품종, 사육법, 재배법을 지켜서 만드는 농산물을 국가가 인정하고 보호하는 명칭. 2009년부터 A.O.P.에 이관이 시작되었다.
⇒ **appellation**[아펠라시옹] 여 명칭, 호칭, **origine**[오리진] 여 원산지, 기원, **contrôlé / contrôlée**[콩트롤레] 형 관리되는
→ A.O.P.

A.O.P.[아오페]
남 원산지 명칭 보호. **appellation d'origine protégée**(아펠라시옹 도리진 프로테제)의 줄임말. A.O.C.와 동등한 것으로, EU(유럽연합)에서 허가하고 보호하는 명칭
※ 이지니 버터, 크림**beurre d'Isigny, crème d'Isigny**, 에시레 버터**beurre d'Échiré**를 포함하는 푸아투 샤랑트의 버터**beurre Poitou-Charentes**, 보주 산지의 전나무 벌꿀**miel de sapin des Vosges**, 그르노블의 호두나무**noix de Grenoble**, 노르망디의 카망베르치즈**camembert de Normandie** 등 각종 치즈, 와인, 가축, 가금류 등이 인정받고 있다.
→ A.O.C.
⇒ **protégé / protégée**[프로테제] 형 보호되는
→ **Isigny**(132쪽), **Échire**(131쪽), **Grenoble**(132쪽), **Normandie**(133쪽)

arôme, arome[아롬]
남 향기
→ **aromatiser**(11쪽)

base[바즈]
여 토대, 베이스

bord[보르]
남 가장자리, 테두리

bordure[보르뒤르]
여 가장자리, 가장자리 장식

botte[보트]
여 다발
→ 세는 방법(157쪽)

bouchon[부숑]
남 코르크마개, 마개 모양
* bouchon de champagne(~ 드 샹파뉴) 샴페인 마개. 그 형태를 한 초콜릿 과자.

boulanger / boulangère
[불랑제/불랑제르]
남 / 여 제빵업자

boulangerie[불랑주리]
여 빵집(가게), 빵 제조/판매업

boutique[부티크]
여 가게
※ 소규모의 소매점, 자가 제품을 파는 가게.
⇒ **magasin**[마가쟁] 대형가게도 포함해서 일반적으로 가게를 의미한다. 창고라는 의미도 있다.

café [카페]

[남] 카페. 커피, 코코아, 홍차 등의 소프트드링크와 알코올음료, 샌드위치나 샐러드 등 간단한 요리를 제공하는 음식점

→ **café**(89쪽)

campagne [캉파뉴]

[여] 시골

* pain de campagne(팽 드 ~) 시골 빵.

chat / chatte [샤/샤트]

[명] 고양이

→ **langue-de-chat**(113쪽)

chocolaterie [쇼콜라트리]

[여] 초콜릿 공장/공방, 초콜릿 전문점

chocolatier / chocolatière

[쇼콜라티에/쇼콜라티에르]

1.[남] / [여] 초콜릿 제조/판매업(자). 초콜릿 장인

2.[여] 코코아 주전자

※ 코코아(쇼콜라)를 만들기 위한 전용 주전자.

→ **chocolat**(93쪽)

chute [쉬트]

[여] 쓰다 남은 자투리

* chutes des feuilletage(~ 드 푀이타주) 패스추리. 파이 반죽 자투리.

cire d'abeille [시르 다베유]

[여] 밀랍, 왁스

※ 카늘레 틀에 바른다(식품첨가물로서 인정받았으며 입에 들어가도 문제없다).

→ **cannelé de Bordeaux**(102쪽)

confiserie [콩피즈리]

[여] 설탕. 당과전문점, 당과제조/판매업

confiseur / confiseuse

[콩피죄르/콩피죄즈]

[남] / [여] 당과 명장, 당과제조/판매업(자)

conservation [콩세르바시옹]

[여] 보존, 저장

→ **conserver**(14쪽)

conserve [콩세르브]

[여] 통조림, 병에 저장한 것, 보존식품

※ 재료로서의 통조림은 **ananas en boîte**(아나나(스) 앙 부아트) 파인애플 통조림과 같이 표기한다. 과일을 보존하는 경우에는 물에 삶은 것과 시럽에 졸인 것이 있으며, …**au naturel**(오 나튀렐) …을 물에 삶은, …**au sirop**(오 시로) …을 시럽에 졸인, 등의 표현을 하는 경우도 많다.

= **boîte de conserve**[부아트 드 ~] 통조림

→ **conserver**(14쪽), **boîte**(55쪽), **naturel**(46쪽), **sirop**(125쪽)

convive [콩비브]

[명] (식사에 초대된) 손님, 회식자

cuiller, cuillère [퀴예르]

[여] 숟가락, 스푼

→ [부록] 세는 방법(157쪽)

cuillerée [퀴이레]

[여] 한 숟가락 분량

→ [부록] 세는 방법(157쪽)

cuisine [퀴진]

[여] 조리장, 요리

débris [데브리]

[남] 파편, 조각

* débris de marron glacé(~ 드 마롱 글라세) 마롱 글라세의 깨진 조각.

degré [드그레]

[남] 도(度)(온도, 당도 등). 정도, 단계

demi / demie [드미]

[형] 절반의 ([부] 반. [남] 절반, 2분의 1, 0.5)

* demi-sec(드미세크) (와인 등이) 반쯤 시어진

※ 명사, 형용사, 부사 앞에 **demi**-의 형태로

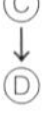

붙어서 한 단어처럼 사용하는 경우가 많다.

* beurre demi-sel(뵈르 ~셀) 소금기가 적은 버터. demi-poire(~푸아르) 반으로 쪼갠 서양배.

→ 부록 세는 방법(156쪽)

département[데파르트망]

남 도(道)

※ 프랑스는 본토에 96개, 해외에 5개의 도(道)가 있다.

diamètre[디아메트르]

남 직경

* 20cm de diamètre(뱅 상티메트르 드 ~) 직경 20cm.

double[두블]

남 2배 형 2배의, 이중의 부 2배로, 이중으로

→ **crème double**(91쪽 **crème**)

économat[에코노마]

남 창고, 식재보관실

※ 제과점이나 레스토랑의 작업장, 주방에 붙어 있는 방으로, 업자로부터 수납된 재료를 보관하는 장소(일반적으로는 계산 관련, 기업 내의 종업원용 매점, 구매하는 곳 등을 의미한다).

élément[엘레망]

남 재료

* éléments principaux(~ 프랭시포) 주재료. principaux는, principal[프랭시팔] 형 의 남성복수형.

façon[파송]

여 방식, 방법

* à ma façon(아 마 ~) 자기 마음대로, 독자적으로.

fête[페트]

여 축일, 기념일

feu([복수]**feux**)[푀]

남 불, 빛

* à feu doux(아 ~ 두) 약불로, à feu moyen(아 ~ 무아) 중불로, à feu vif(아 ~ 비프) 강불로.

fin[팽]

여 끝, 마지막

finition[피니시옹]

여 마무리

→ **finir**(21쪽)

foire[푸아르]

여 (농촌의) 시, 견본 시장, 전시회, 축제, 잔치

goutte[구트]

여 방울

→ 부록 세는 방법(157쪽)

grumeau([복수]**grumeaux**)[그뤼모]

남 알갱이, 작은 덩어리

* grumeaux de farine(~ 드 파린) 밀가루 덩어리.

hauteur[오퇴르]

여 높이

* mouiller à hauteur d'eau(무예 아 ~ 도) 물을 방울방울 넣는다.

hygiène[이지엔]

여 위생, 청결 유지

* hygiène publique(~ 퓌블리크) 공중위생, hygiène alimentaire(~ 알리망테르) 식품위생.

ingrédient[앵그레디앙]

남 (요리, 과자의) 재료

* les ingrédients pour la pâte à choux(레 쟁그레디앙 푸르 라 파타 슈) 슈 반죽용 재료.

L

laboratoire[라보라투아르]

남 제과점 작업장. 과자, 아이스크림, 당과 등을 만들기 위한 독립된 장소

※ 작업대, 레일, 오븐, 믹서, 계측기, 틀과 종이 등 필요한 기구가 갖춰진 방. labo라고 줄여서 말하기도 한다(일반적인 의미는 실험실, 연구소).

laitier / latière
[레티에/레티에르]

남 / 여 우유실, 낙농가 (형 **laitier / laitière** 우유에 관한, 우유의)

* produit laitier(프로뒤 ~) 유제품.

langue[랑그]

여 혀

→ **langue-de-chat**(113쪽)

largeur[라르죄르]

여 폭, 가로

longueur[롱괴르]

여 길이, 세로

M

machine[마신]

여 기계

main[맹]

여 손, 손바닥

maison[메종]

여 집, 가게 형 자가제품인, 특별하게 만든

marché[마르셰]

남 정기적으로 열리는 시장, 시장

matière[마티에르]

여 재료, 소재

mesure[므쥐르]

여 크기. 측정, 계측

→ **mesurer**(26쪽)

miroir[미루아르]

남 거울, 반사면

→ **miroir chocolat**(94쪽)

morceau([복수]**morceaux**)[모르소]

남 한 조각, 한 입거리, 한 덩어리, (고기의) 부위

* couper un morceau de pain(쿠페 욍 ~ 드 팽) 빵을 한입 크기로 잘라내다.

→ 부록 세는 방법(157쪽)

neige[네주]

여 눈

* monter en neige(몽테 앙 ~) (눈처럼 하얗고 몽실몽실하게) 거품을 내다.

nid[니]

남 둥지

→ **nids de Pâsques**(117쪽)

* nid d'abeilles(~ 다베유) 벌집.

paquet[파케]

남 소포, 포장, 팩

→ 부록 세는 방법(157쪽)

pâtisserie[파티스리]

여 과자. 과자점, 과자제조/판매업

pâtissier / pâtissière
[파티시에/파티시에르]

남 / 여 과자 장인 형 과자인, 과자가게인

→ **crème pâtissière**(106쪽)

paysan / paysanne
[페이장/페이잔]

남 / 여 농민 형 시골풍의

* tarte à la paysanne(타르트 아 라 ~) 시골풍 타르트, 페이장풍 타르트.

perle[페를]
여 진주, 구슬. 설탕가루를 뿌린 뒤 구운 비스퀴 아 라 퀴예르**biscuit à la cuiller**의 표면에 생긴 알갱이
※ 비스퀴 반죽에 설탕가루를 뿌리고 구우면, 녹으면서 자잘한 알갱이처럼 굳어져 표면이 바삭해진다.
→ **biscuit à la cuiller**(99쪽)
⇒ **perler**[페를레] 자 (액체가) 방울이 되다, 구슬을 만들다

personne[페르손]
여 사람
* pour 4 personnes(푸르 카트르 ~) 4인분.

pièce[피에스]
여 (하나로 뭉친) **1**개의 덩어리, 파편
* une pièce de gâteau(윈 ~ 드 가토) 과자 한 뭉치.

pied[피에]
남 발끝, 한 그루, 다리
→ 부록 세는 방법(157쪽)

pincée[팽세]
여 한 꼬집
→ 부록 세는 방법(157쪽)

pluie[플뤼]
여 비, 떨어져 내리는 것
* ajouter la farine en pluie(아주테 라 파린 앙 ~) 밀가루를 솔솔 뿌려 넣는다.

poids[푸아]
남 무게

pointe[푸앙트]
여 끝 부분, 극히 소량
→ 부록 세는 방법(156쪽)

pommade[포마드]
여 포마드, 연고
* beurre en pommade(뵈르 앙 ~) 포마드 상태의 버터.

prise[프리즈]
여 **1**. 한 꼬집
※ 세 손가락으로 집는 양, 소금이라면 약 **3g**.
2. 굳어지는 것
※ 동사**prendre**에서 파생된 명사.
→ 부록 세는 방법(157쪽), **prendre**(30쪽)

prix[프리]
남 가격, 요금

produit[프로뒤]
남 생산물, 제품
* produits alimentaires(~ 알리망테르) 식품.

province[프로뱅스]
여 지방, 시골

qualité[칼리테]
여 질, 품질

quantité[캉티테]
여 양
* quantité suffisante(~ 쉬피장트) 적량. 줄여서 q.s.(형 suffisant / suffisante[쉬피장/쉬피장트] 충분한).

quart[카르]
남 4분의 1
* un quart de litre(욍 ~ 드 리트르) 4분의 1l(259ml).
→ **quatre-quarts**(124쪽)

quartier[카르티에]
남 **1**. 4분의 1
2. 한 조각, 한 덩어리, 한 입거리, (감귤류의) 알맹이 하나, 한 꾸러미, 빗살 모양
* un quartier de fromage(욍 ~ 드 프로마주) 치즈 한 조각, 치즈 4분의 1개.
* couper les pommes en quartiers(쿠페 레 폼 앙 ~) 사과를 4조각으로 쪼개다, 세로로 길쭉하게 자른다.

R

recette [르세트]
[여] 요리/과자의 배합, 만드는 방법, 레시피

région [레지옹]
[여] 지방, 지역권
※ 프랑스 본토는 23개의 지역권(프랑스에서는 복수의 도가 모여서 하나의 행정단위를 구성하고 있다)으로 구분되어 있다.
→ 지도(10쪽)

restaurant [레스토랑]
[남] 레스토랑, 요정

rognure [로뉘르]
[여] 부스러기, 반죽의 잘린 단면
= chute

sachet [사셰]
[남] 작은 봉투
→ [부록] 세는 방법(157쪽)

salon de thé [살롱 드 테]
[남] 티 살롱, 찻집
※ 과자류와 홍차, 커피, 코코아 등의 논 알코올음료를 제공하는 가게. 샌드위치, 샐러드, 달걀요리와 파이요리 등의 가벼운 식사도 할 수 있다.

souvenir [수브니르]
[남] 기억, 추억, 선물, 기념품

suite [쉬트]
[여] 계속, 차후, 다음
* Tout de suite!(투 드 ~) 서둘러!
→ tout(47쪽)

taille [타유]
[여] 크기, 사이즈

température [탕페라튀르]
[여] 온도
* température ambiante(~ 앙비앙트) 주변 온도 = 상온, 온실.

temps [탕]
[남] 시간
* temps de cuisson(~ 드 퀴송) 조리(가열) 시간.

terme [테름]
[남] 용어, 술어, 기일
* termes de pâtisserie(~ 드 파티스리) 제과용어.

tête [테트]
[여] 머리, 선단
* brioche à tête(브리오슈 아 ~) 뚜껑이 있는 브리오슈.

tiers [티에르]
[남] 3분의 1
→ [부록] 세는 방법/분류(156쪽)

triple [트리플]
[남] 3배 [형] 3배인, 삼중인
→ Triple sec(91쪽)

trou [트루]
[남] 구멍, 공백
* trou normand(~ 노르망) 식사 사이의 입가심, 고기 요리 전에 나오는 셔벗.

ustensile [위스탕실]
[남] 기구, 용구

vapeur [바푀르]
[여] 증기
* cuire à la vapeur(퀴르 아 라 ~) 찌다.

variété [바리에테]
[여] 다양성, 종류가 많은 것
→ varié(47쪽)

vendeur / vendeuse

[방되르/방되즈]

남 / 여 판매원, 점원

vie[비]

여 생활, 인생, 목숨

→ eau-de-vie(90쪽)

volume[볼륌]

남 용량, 부피

부록

설탕을 졸이는 정도(온도)에 따라 변화하는 상태의 명칭

※ 설탕은 졸이는 온도에 따라서 식었을 때의 상태가 다양하게 변화하고, 다양한 용도로 쓰인다. 각각의 상태를 정확하게 표현하는 명칭을 기억해 두자.

	온도	상태	용도
nappé〔나페〕	100~105℃	스푼 등을 담그면 전체가 얇게 덮인다.	바바, 사바랭 등(을 담근 시럽).
filé〔필레〕	110℃까지	손가락으로 집어서 찬물에 식히면 손가락 틈에서 실을 당긴다.	설탕에 절인 과일, 파트 다망드Pate d'amande, 파트 드 프뤼이pate de fruit
soufflé〔수플레〕	113~115℃ 정도	구멍이 뚫린 국자나 초콜릿 포크(링)에 붙여서 숨을 불어 넣으면 비눗방울처럼 부푼다.	이탈리안 머랭, 퐁당, 잼 등.
boulé〔불레〕	135℃까지	찬물에 떨어트리면 공 모양이 된다.	이탈리안 머랭, 잼, 누가 등.
cassé〔카세〕	155℃까지	찬물에 떨어트리면 단단한 판처럼 되어 쪼개진다.	잼, 누가, 사탕 등.
caramel clair〔카라멜 클레르〕	155~165℃ 정도	연한 색의 캐러멜. 매우 희미하게 노란 빛을 띠는 상태부터 황금색(블론드blond)까지.	크로캉부슈croquembouche의 접착, 설탕공예 등. 그랑 존 grand jaune이라고도 말한다.
caramel brun〔카라멜 브룅〕	170~180℃ 정도	갈색 캐러멜. 짙은 황금색부터 갈색. 일반적으로 캐러멜로 불리는 색.	푸딩의 캐러멜 소스, 크림과 아이스크림 등의 풍미를 살리는 것.
caramel foncé〔카라멜 퐁세〕	대략 185℃ 이상	짙은 색의 캐러멜. 대개 검정에 가깝고 단맛은 없어진다.	착색료로서 사용할 수 있다.

※ **filé**, **soufflé**, **boulé**, **cassé**는 각각의 온도 시간대를 전반에는 **petit**〔프티〕, 후반에는 **grand**〔그랑〕을 붙여서 구별하는 경우가 있다.
예 : **petit filé**, **grand filé**

원산지 통제명칭 등

특정 지역에서 전통적인 제조법, 품종, 사육법, 재배법을 지켜서 만드는 농산물이나 제품을 국가가 인정하고 보호하는 명칭.

A.O.C. → (139쪽)

A.O.P. → (139쪽)

주방에서 쓰이는 명령형(동사)

프랑스에서 수업할 때, 주방에서 지시를 하거나 받을 때 자주 쓰이는 것이 명령형이다. 프랑스어에서는 마주하고 상대를 부르는 2인칭 대명사에 vous와 tu 두 가지를 붙이는 방법이 있고, 둘 중 어느 것으로 말을 할지에 따라 동사의 형태가 달라진다.

vous : 초면, 그다지 친하지 않은 상대, 명확히 윗사람, (점원이) 손님에게는 '당신'에 해당하는 '**vous**부'를 사용하여 말한다(부부아예**vouvoyer** 타 라고도 말한다).
tu : 가족, 친한 친구, 연인이나 어린아이에 대해서는 '너'에 해당하는 '**tu**투'를 사용해서 말한다(튀투아예**tutoyer** 타).
또한, **vous**는 **tu**의 복수형('너희들', '당신들')이기도 하다.

주방에서 자주 쓰이는 명령어는 주어(**vous**나 **tu**)를 쓰지 않는다. 동사를 **tu**에 대응하는 형태, 또는 **vous**에 대응하는 형태로 바꿔서 상대를 향한 명령이나 의뢰를 나타낸다.
vous에 대한 명령형에 **s'il vous plaît**〔실 부 플레〕를 붙이는 것이 정중한 표현이다.
이 밖에 동사를 1인칭 복수의 대명사 **nous**(우리들)에 대응하는 형태로 만들고, '(함께) ~하자'라고 말하는 방법(명령형)도 있다.

명령법의 동사변형(어미가 –er의 규칙 변화인 동사의 경우)

tu에 대응하는 명령형 → 기본적으로는 부정사(표제어의 형태)의 어미에서 **r**을 뺀다.
vous에 대한 명령형 → 부정사에서 어미의 **r**을 없애고 **z**를 붙인다.
nous에 대한 명령형 → 부정사에서 어미의 **er**, 또는 **ir**을 없애고, **ons**를 붙인다.
※ 동사의 어미는 ~**er**, ~**ir**로 끝나는 경우가 많고, 어느 정도 형태가 정해져 있지만 불규칙 활용이 많다(동사의 활용에 대해서는 일반 사전, 문법서를 참조).
예 :
couper(자르다)의 명령형
　tu에 대해서 → **Coupe.**〔쿠프〕 (잘라라)
　vous에 대해서 → **Coupez.**〔쿠페〕 (자르세요)
　정중한 표현 → **Coupez, s'il vous plaît.**〔쿠페 실 부 플레〕 (잘라 주세요)
　nous에 대해서 → **Coupons.**〔쿠퐁〕 (자르자)

불규칙 변화 동사의 명령형

프랑스어의 동사는 불규칙 변화가 있기 때문에 사전에 실린 동사활용표를 확인해야 한다.
예 :
faire〔페르〕 (만들다)의 명령형
　tu에 대해서 → **Fais.**〔페〕 (만들어라)
　vous에 대해서 → **Faites.**〔페트〕 (만드세요)
　nous에 대해서 → **Faisons.**〔프종〕 (만들자)

mettre〔메트르〕 (두다, 넣다)의 명령형
　tu에 대해서 → **Mets.**〔메〕 (둬라)
　vous에 대해서 → **Mettez.**〔메테〕 (두세요)
　nous에 대해서 → **Mettons.**〔메통〕 (두자)

르세트(레시피) 읽는 방법

르세트recette(과자/요리의 배합, 만드는 방법)에서는 대개의 경우, 동사는 부정사(사전의 표제어로 실린 형태)로 쓰인다. 부정사는 명령적인 의미로도 쓰이지만 르세트로는 '~하다'라고 해석해도 지장이 없다.

예 : **ajouter le sucre** '설탕을 넣으세요'

→ 레시피를 해석할 때에는 '설탕을 넣다'라고 이해해도 좋다.

분량을 읽는 방법과 표기는 부록 세는 방법(156쪽)을 참조.

과자 이름을 붙이는 방법은 부록 과자 이름을 짓는 방법과 부재료명의 규칙(151쪽)을 참조.

프랑스어 읽기(주의해야 할 발음)

프랑스어는 발음이 되지 않거나 모음과 연결하면 다른 발음이 되는 경우가 있기 때문에 과자 이름을 표기할 때 주의해야 한다.

1. 리에종liaison 연음 :

프랑스어에서 어미의 자음은 기본적으로 발음하지 않는다. 다만 뒤에 모음으로 시작되는 말이 올 때 **des**, **les** 등의 's'처럼, 그 자체로는 발음되지 않던 어미의 자음이 발음되는 것을 말한다.

예 : **les oranges**〔레 조랑주〕

2. 앙셰느망enchaînement 연속 :

애초에 발음되지 않던 어미의 자음이 뒤에 이어지는 말의 모음과 연결되면서 음이 변화하여 발음되는 것을 말한다.

예 : **avec un peu de sucre**〔아베킹 푀 드 쉬크르〕

une orange〔윈 노랑주〕

3. 엘리지옹élision 모음자 생략 d'~, l'~ 등 :

뒤에 오는 말이 모음으로 시작되거나 무음인 **h**로 시작되는 경우(다음 항 참조), 정관사 **le**, **la**나 전치사 **de** 등은 생략되어 뒷말과 한 단어처럼 발음한다.

예 : **l'eau**〔로〕 물 **l'huile**〔륄〕 기름 **d'amande**〔다망드〕 아몬드의

4. h의 발음

프랑스어에서 **h**는 기본적으로 발음하지 않는다.

하지만 어두에 **h**가 있는 경우는 주의가 필요하다. 실제로는 발음하지 않더라도 음이 있다고 간주하는 '유음의 **h**'일 때와 '무음의 **h**'일 때가 있기 때문인데, 무음의 **h**라면 모음으로 시작되는 말과 마찬가지로 리에종 등 상기 1.~3.의 변화가 생긴다. 어느 **h**에 속하는지는 사전으로 확인하면 좋다.

예 : **huile**〔윌〕 (무음의 **h**) **l'huile**〔륄〕 기름

hacher〔아셰〕 (유음의 **h**) **amandes hachées**〔아망드 자셰〕× → 〔아망드 아셰〕아몬드 다이스

과자 이름을 짓는 방법과 부재료명의 규칙

과자 이름의 대부분은 전치사, 관사가 붙기 때문에 그 규칙을 기억해야 한다.

1. 과자의 종류 + 전치사 de + 명사(주재료, 지명 등)

~의…

※ 전치사 de를 사용한다. 이 de에 이어지는 명사에 관사는 필요 없다.

예 : 낭시 마카롱 **macaron de Nancy**〔마카롱 드 낭시〕

서양배 콩포트 **compote de poire**〔콩포트 드 푸아르〕

2. 과자의 종류 + 전치사 à + 정관사 + 명사(부재료, 풍미를 결정하는 재료)

~풍미의…, ~가 들어간…

※ 전치사 à를 사용한다. 뒤에 이어지는 명사의 성/수에 따라 전치사 + 정관사가 변화하여 축약형이 된다(152쪽 '기억해야 할 전치사 + 정관사의 축약형'을 참조). 단, 전치사 앞의 명사(과자 종류)의 성/수에는 영향 받지 않는다.

au + 남성명사 단수형

예 :

초콜릿 타르트 **tarte au chocolat**〔타르트 오 쇼콜라〕

à la + 여성명사의 단수형

예 :

바닐라 아이스크림 **glace à la vanille**〔글라스 아 라 바니유〕

à l' + 모음으로 시작되는 단수형 명사

예 :

파인애플 무스 **mousse à l'ananas** 남 〔무스 아 라나나(스)〕

오렌지 케이크 **cake à l'orange** 여 〔케크 아 로랑주〕

aux + 복수형 명사

예 :

레몬 타르트 **tarte aux citrons** 남·복 〔타르트 오 시트롱〕

사과 타르트 **tarte aux pommes** 여·복 〔타르트 오 폼〕

애프리콧 타르트 **tarte aux abricots** 남·복 〔타르트 오 자브리코〕

오렌지 타르트 **tarte aux oranges** 여·복 〔타르트 오 조랑주〕

※ **au**〔오〕는 전치사 à + 정관사 le, **aux**〔오〕는 전치사 à + 정관사 les의 축약형이다.

aux의 **x**는 보통 발음하지 않지만 모음으로 시작되는 말이 이어지는 경우는 리에종으로 모음과 연결하여 발음한다.

3. 과자명 + 형용사

과자의 성/수에 맞춰서 바꾼 형용사를 붙인다(→ 형용사에 대하여 7쪽)

~의…, ~풍의…

예 : 형 **breton / bretonne**〔브르통/브르톤〕 = 브르타뉴의~

가토 브르통**gâteau breton**〔가토 브르통〕 = **gâteau** 남·단 + **breton** 형남·단

갈레트 브르톤**galette bretonne**〔갈레트 브르톤〕 = **galette** 여·단 + **bretonne** 형여·단

4. 과자명 + à la(형용사의 어두가 모음인 경우는 à l') + 여성형용사

~풍의…

예 :

타르트 페이잔tarte à la paysanne〔타르트 아 라 페이잔〕 시골풍 타르트

※ à la는 생략될 때도 있다. 그 경우에는 과자명이 남성명사여도 형용사는 그대로 여성형이 된다.

예 :

파리풍 슈chou à la parisienne〔슈 아 라 파리지엔〕 → chou parisienne(chou는 남성명사이므로, 형용사가 직접 연결되는 경우, 원래는 chou parisien이 되지만 위와 같이 여성형으로 표현하기도 한다.)

5. 반죽이나 크림 등의 명사

pâte 여 반죽/페이스트, 또는 appareil 남성명사, crème 여성명사는 형용사가 직접 연결될 때 ①과, 전치사 à를 붙여서 '~용의'라고 표현하는 ②가 있다. 또한 전치사 de로 주재료를 나타내는 ③인 경우도 있다.

예 :

① pâte sucrée〔파트 쉬크레〕 (설탕을 넣어서 단맛이 나는) 파이 반죽

② pâte à crêpe〔파타 크레프〕 크레프용 반죽

※ pâte에 à가 이어지는 경우, 어미의 t와 a가 이어서 발음되어 '파타'가 된다.

③ pâte d'amandes〔파트 다망드〕 아몬드 페이스트(마지팬)

6. 사용하는 재료를 나타내는 경우의 'de' 뒤에 이어지는 명사는 단수일까 복수일까

1.이나 5.의 내용과 같이 과자나 반죽, 크림이라도 그 말의 뒤에 de + 재료명을 붙여서 그 주재료를 표현하는 이름이 있다. 이 경우의 de는 '~로 완성된, ~가 들어간, ~제의'라는 의미로, de의 뒤에 이어지는 명사는 관사가 붙지 않으며 단수형이든 복수형이든 상관없다.

기억해야 할 전치사 + 정관사의 축약형

※ 전치사 à나 de와 정관사 le, les를 함께 쓸 때는 축약형으로 나타낸다.

축약형과 발음			용례
à + le	→	au〔오〕	chocolat au lait(쇼콜라 오 레) 밀크(풍미의) 초콜릿
à + les	→	aux〔오〕	chausson aux pommes(쇼송 오 폼) 사과가 들어간 파이
de + le	→	du〔뒤〕	le bord du plat(르 보르 뒤 플라) 접시 테두리
de + les	→	des〔데〕	les segments des oranges(레 세그망 데 조랑주) 오렌지 알맹이

르세트에서 자주 쓰이는 전치사, 접속사 등

■전치사

단어	발음	의미
à	〔아〕	(장소) ~에, (특징/부속) ~가 들어간, ~풍미의, (목적) ~용의, (수단) ~로(~로 인해), (종점) ~까지 * 2 à 3 pommes〔되 ~ 트루아 폼〕 사과 2~3개
après	〔아프레〕	나중에, 다음에 (부 뒤로) ⇔avant
avant	〔아방〕	전에, 앞서 (부 앞으로) ⇔après
avec	〔아베크〕	~와 함께, ~을 사용해서
chez	〔셰〕	~의 가게에(서)
dans	〔당〕	(장소/방향) ~의 안에, (시간) ~뒤에 * dans la pâte〔~ 라 파트〕 그 반죽 안에
de	〔드〕	~부터, ~의, ~로 생긴 ※ 모음, 무음인 h로 시작되는 말 앞에서는 d'가 된다
en	〔앙〕	~로 생긴, ~의 상태가 된 * en poudre〔~ 푸드르〕 분말 상태(로 만든)
entre	〔앙트르〕	(공간, 시간적으로) ~의 사이에
hors	〔오르〕	~의 밖에 * hors du feu〔~ 뒤 푀〕 불에서 내려놓고
jusque	〔쥐스크〕	(장소, 시간, 정도) ~까지 ※ 모음, 무음인 h 앞에서는 jusqu', jusqu'à(au, aux)의 형태로 쓰이는 경우가 많다. * chauffer jusqu'à frémissement〔쇼페 쥐스카 프레미스망〕 살짝 끓을 때까지 가열한다.
par	〔파르〕	~에 따라서, ~를 사용해서
pen-dant	〔팡당〕	~동안에 * pendant trois jours〔~ 트루아 주르〕 3일 동안
pour	〔푸르〕	~을 위해, (비율) ~에 대한 * tant pour tant〔탕 ~ 탕〕 어느 일정량에 대하여 같은 일정량, 즉 동량씩. 주로 아몬드와 설탕을 1:1로 맞춰서 가루로 만든 것을 말한다.
sans	〔상〕	~없이 * biscuit sans farine〔비스퀴 ~ 파린〕 밀가루를 넣지 않은 비스퀴
sous	〔수〕	~의 밑에, ~의 밑에서
sur	〔쉬르〕	~의 위에, ~의 위에서

■접속사

단어	발음	의미
et	〔에〕	~와, 그리고
mais	〔메〕	하지만
ou	〔우〕	또는

■부정대명사

단어	발음	의미
rien	〔리앵〕	아무것도 ~아닌, 매우 사소한 것

숫자(수사/서수사)

■수사

남성명사. 명사 앞에 붙어서 몇 가지(몇 개의, 몇 명의)인 경우는 형용사로, 1만 남성명사에 un, 여성명사에는 une으로 나누어서 사용한다. 형용사로 사용할 때 5, 6, 8, 10 어말의 자음은 발음하지 않는다. 그럴 때의 발음은 ( )로 나타냈다.

■서수사

'몇 번째'처럼 순서를 나타내는 형용사.
수사에 '-ième'를 붙이면 서수가 된다. 그때, 수사의 끝이 e라면 e를 빼고, f면 v로 바꾸고, q의 경우는 u를 붙여서 'ième'과 연결한다.
'첫 번째'의 premier와 '두 번째'의 second에는 남성형과 여성형이 있지만, 그 이외는 성에 따른 변화를 하지 않는다.
생략하는 방법 : premier는 1er, première는 1ère, '두 번째' 이후는 2e, 3e, 4e라고 생략한다. 읽는 방법은 생략하지 않은 경우와 동일하다.

아래의 수사/서수사를 순서대로 표기했다. 30 이상은 서수사를 생략했다.

0 zéro〔제로〕
1 [남] un〔욍〕, [여] une〔윈〕 / [남] premier〔프르미에〕, [여] première〔프르미에르〕
2 deux〔되〕 / deuxième〔되지엠〕, 남성명사 second〔스공〕 [여] seconde〔스공드〕
3 trois〔트루아〕 / troisième〔트루아지엠〕
4 quatre〔카트르〕 / quatrième〔카트리엠〕
5 cinq〔생(크)〕 / cinquième〔생키엠〕
6 six〔시(스)〕 / sixième〔시지엠〕
7 sept〔세트〕 / septième〔세티엠〕
8 huit〔위(트)〕 / huitième〔위티엠〕
9 neuf〔뇌프〕 / neuvième〔뇌비엠〕
10 dix〔디(스)〕 / dixième〔디지엠〕
11 onze〔옹즈〕 / onzième〔옹지엠〕
12 douze〔두즈〕 / douzième〔두지엠〕
13 treize〔트레즈〕 / treizième〔트레지엠〕
14 quatorze〔카토르즈〕 / quatorzième〔카토르지엠〕
15 quinze〔캥즈〕 / quinzième〔캥지엠〕
16 seize〔세즈〕 / seizième〔세지엠〕
17 dix-sept〔디세트〕 / dix-septième〔디세티엠〕
18 dix-huit〔디즈위트〕 / dix-huitième〔디즈위티엠〕
19 dix-neuf〔디즈뇌프〕 / dix-neuvième〔디즈뇌비엠〕
20 vingt〔뱅〕 / vingtième〔뱅티엠〕
21 vingt et un〔뱅 테 욍〕 / vingt et unième〔뱅 테 위니엠〕
22 vingt-deux〔뱅트 되〕 / vingt-deuxième〔뱅트 되지엠〕
※ 21, 31 등, 몇 십과 1일 때만 'et'로 잇는다. 2 이후부터는 하이픈 '-'으로 잇는다.
30 trente〔트랑트〕
40 quarante〔카랑트〕
50 cinquante〔생캉트〕
60 soixante〔수아상트〕
70 soixante-dix〔수아상트 디스〕 ※ 60+10으로 나타낸다.
71 soixante et onze〔수아상 테 옹즈〕 ※ 71은 60+11, 이하 79까지 동일하다.

72 soixante-douze〔수아상트 두즈〕
80 quatre-vingts〔카트르뱅〕 ※ 4×20으로 나타낸다. 80만 vingt에 s를 붙여서 복수형으로 만든다.
81 quatre-vingt-un〔카트르뱅 욍〕 ※ et는 넣지 않고 하이픈으로 80과 1의 숫자를 잇는다.
90 quatre-vingt-dix〔카트르뱅 디스〕 ※ 90은 4×20+10으로 나타낸다. 99까지 동일하다.
91 quatre-vingt-onze〔카트르뱅 옹즈〕
100 cent〔상〕
101 cent un〔상 욍〕 ※ et와 하이픈 모두 쓰지 않는다.
200 deux cents〔되 상〕 ※ 200, 300처럼 딱 떨어지는 수일 때 cent는 복수형이 된다.

〈1000 이상의 단위〉
1,000(1천) ······ mille〔밀〕
10,000(1만) ······ dix mille〔디 밀〕
100,000(10만) ······ cent mille〔상 밀〕
1,000,000(100만) ······ un million〔욍 밀리옹〕
100,000,000(1억) ······ cent millions〔상 밀리옹〕
1,000,000,000(10억) ······ un milliard〔욍 밀리아르〕
※ million, millard는 형용사의 의미가 없는 명사이므로, de를 붙여서 명사와 연결한다.
예 : dix millions de tonnes de sucre〔디 밀리옹 드 톤 드 쉬크르〕 설탕 1000만 톤

도량형(단위)

단위/기호		프랑스어와 발음	의미
용적	ml	millilitre〔밀리리트르〕	밀리리터 1ml = 1cc = 1㎤
	cl	centilitre〔상티리트르〕	센티리터 1cl = 10ml
	dl	décilitre〔데시리트르〕	데시리터 1dl = 100ml
	l	litre〔리트르〕	리터 1l = 1000ml
무게	g	gramme〔그람〕	그램
	kg	kilogramme〔킬로그람〕	킬로그램 1kg = 1000g
길이	mm	millimètre〔밀리메트르〕	밀리미터
	cm	centimètre〔상티메트르〕	센티미터
그 밖에	% de MG	% de matière grasse〔푸르상 드 마티에르 그라스〕	유지방분의 비율. crème fraîche 40% de MG는 유지방분 40%의 생크림을 말함.
		% de cacao〔푸르상 드 카카오〕	초콜릿의 카카오 성분. chocolat noir 30% de cacao는 카카오 성분 30%의 스위트초콜릿을 의미함.
	°B	degré Baumé〔드그레 보메〕	보메도. 당분 농도를 나타내는 단위. 비중으로 측정한다. 30°B는 보메 30도. ※ 비중으로 측정하기 때문에 같은 농도여도 브릭스 도수와는 수치가 다르다
		degré Brix〔드그레 브릭스〕	브릭스도. 당분 농도를 %로 나타내는 단위. 빛의 굴절률로 측정한다. 25 degré Brix는 25도 브릭스.
	°C	degré Celsius〔드그레 셀시우스〕	섭씨 ~도

세는 방법

분량표, 배합 등으로 수나 양을 나타낼 경우, 기본적으로는 분량을 나타내는 말+de+재료명의 형태를 취한다.
※ de의 뒤에 이어지는 명사가 밀가루나 우유 등 셀 수 없는 것(불가산명사)이라면 몇 g, 몇 ml라도 복수형으로 되지 않지만, 셀 수 있는 명사(가산명사)의 경우, 명확히 복수인 것을 알고 있는 경우는 복수형이 된다.
* 200g de cerises〔되 상 그람 드 스리즈〕 버찌 200g
→ 다양하게 세는 방법(하기)

■과일처럼 '~개'라고 셀 수 있는 것(가산명사)
이럴 때는 직접 숫자가 붙는다(복수의 경우, 명사는 복수형이 된다).
* 4pommes〔카트르 폼〕 사과 4개, 3oeufs〔트루아 즈〕 달걀 3개

■분수와 소수 표기
un(une) demi(절반, 반)는 1/2 pomme, 0,5 pomme와 같이 표기하는 것도 있다(소수점은 ',' 콤마). 1/2 이외의 분수는 'de'로 명사와 잇는다.
* 1/3 de pomme〔왱 티에르 드 폼〕 사과 1/3개
* 3/4 de pomme〔트루아 카르 드 폼〕 사과 3/4개

■수+재료의 형태나 계측기구명(명사) +de+재료명
통썰기 ○개, 스푼 ○잔 등 재료의 형상이나 계량하는 기구로 수량을 나타낸 경우, 그 앞에 놓는 숫자가 복수일 때, 형태나 계량 기구를 나타내는 명사를 복수형으로 만든다(어미에 s를 붙인다).
* 2 rondelles de citron〔되 롱델 드 시트롱〕 통썰기한 레몬 2장
* un bâton de cannelle〔왱 바통 드 카넬〕 (막대 모양의) 시나몬스틱 1개
* 3 cuillers à café de sucre〔트루아 퀴예르 아 카페 드 쉬크르〕 설탕 3작은술

■g, ml 등의 단위를 사용할 때
아래에 기재된 것과 같이 표기한다. 숫자와 단위 뒤에 de를 두고 재료명을 잇는다. 숫자와 단위 사이에는 반각을 띄는 것이 일반적이다.
* 100g de farine〔상 그람 드 파린〕 밀가루 100g
* 20ml de lait〔뱅 밀리리트르 드 레〕 우유 20ml

■다양하게 세는 방법

	표현과 발음	용례
적량	q.s.〔퀴 에스〕	※quantité suffisante〔캉티테 쉬피장트〕의 줄임말
소량의…	un peu de...〔왱 푀 드…〕	* un peu de sucre〔~ 쉬크르〕 설탕 소량, 소량의 설탕. ⇔ beaucoup de...
극히 소량의…	une pointe de...〔윈 푸앙트 드…〕	* une pointe de muscade〔~ 뮈스카드〕 극히 소량의 너트메그.
가득…	beaucoup de...〔보쿠 드…〕	* beaucoup de graisse〔~ 그레스〕 유지방 가득.
절반의, 2분의 1의…	un demi-...〔왱 드미…〕	※ 여성명사에 붙는 경우는 une demi-...〔윈 드미〕와 관사에만 여성형으로 만든다. * un demi-verre d'eau〔~ 베르 도〕 물 반.

1큰술 가득…	une cuiller (cuillère) à potage (soupe) de… 〔윈 퀴예르 아 포타주(수프) 드…〕 ※ cuiller, cuillère 외에 cuillerée 여성명사도 동일하게 사용한다. 이하 동일.	* 1 cuiller à potage de sel〔~ 셀〕 소금 1큰술. * 2 cuillers à potage de fécule〔되 퀴예르 아 포타주 드 페퀼〕 전분 2큰술. * 3 cuillers à potage d'eau〔트루아 퀴예르 아 포타주 도〕 물 3큰술.
1작은술 가득…	une cuiller (cuillère) à café de… 〔윈 퀴예르 아 카페 드…〕	* 1 cuiller à café de sel〔~ 셀〕 소금 1작은술. * 2 cuillers à café de fécule〔되 퀴예르 아 카페 드 페퀼〕 전분 2작은술. * 3 cuillers à potage d'eau〔트루아 퀴예르 아 카페 도〕 물 3작은술.
1개의…	un bâton de…〔왱 바통 드…〕	* 2 bâtons de cannelle〔되 바통 드 카넬〕 시나몬스틱 2개.
한 다발의…	une botte de…〔윈 보트 드…〕	* 1 botte de cerfeuil〔~ 세르푀유〕 셀피유(처빌) 한 다발.
한 줄기의…	une branche de… 〔윈 브랑슈 드…〕	* 3 branches d'angélique〔트루아 브랑슈 당젤리크〕 안젤리카 줄기 3개.
1개의(한 줄기)…	un brin de…〔왱 브랭 드…〕	* 1 brin de romarin〔~ 로마랭〕 로즈마리 한 줄기.
…의 작은 가지 1개	une brindille de… 〔윈 브랭디유 드…〕	* 1 brindille de thym〔~ 탱〕 타임 잔가지 1개.
1더전…	une douzaine de… 〔윈 두젠 드…〕	* 2 douzaines de pommes〔되 두젠 드 폼〕 사과 2더전.
1장의…(판 젤라틴 등)	une feuille de… 〔윈 푀유 드…〕	* 3 feuilles de gélatine〔트루아 푀유 드 젤라틴〕 판 젤라틴 3장.
1개(콩 등의 콩깍지)의…, 한 쪽(마늘처럼 구근류 등)의…	une gousse de… 〔윈 구스 드…〕	* 1 gousse de vanille〔~ 바니유〕 바닐라 콩깍지 1개. * 2 gousses de cardamome〔되 구스 드 카르다몸〕 카르다몸(의 콩깍지) 2개.
한 방울의, 소량의…	une goutte de…〔윈 구트 드…〕	* quelques gouttes de grenadine〔켈크 구트 드 그르나딘〕 그레나딘시럽 몇 방울.
한 조각의, 한 덩어리의…	un morceau de… 〔왱 모르소 드…〕	* 1 morceau de fromage〔~ 프로마주〕 치즈 한 조각.
포장 1개의, 1팩의…	un paquet de…〔왱 파케 드…〕	* 1 paquet de cerfeuil〔~ 세르푀유〕 셀피유(처빌) 1팩.
한 그루, 1개의…	un pied de…〔왱 피에 드…〕	* 4 pieds de céleri〔카트르 피에 드 셀르리〕 셀러리 4그루. (⇒ 셀러리 1개는 branche de céleri)
(두 손가락을 사용하여) 한 꼬집의…	une pincée de…〔윈 팽세 드…〕	* une pincée de sel〔~ 셀〕 소금 한 꼬집.
(세 손가락을 사용하여) 한 꼬집의…	une prise de…〔윈 프리즈 드…〕	
한 꼬집, 한 줌의…	une poignée de… 〔윈 푸아녜 드…〕	* une poignée de pistaches concassées〔~ 피스타슈 콩카세〕 잘게 다진 피스타치오 한 줌.
한 봉지(작은 봉지)의…	un sachet de…〔왱 사셰 드…〕	* un sachet de levure chimique〔~ 르뷔르 시미크〕 베이킹파우더 한 봉지.
1컵의…	un verre de…〔왱 베르 드…〕	* 2 verres de lait〔되 베르 드 레〕 우유 2컵.

연, 계절, 월, 주, 일 표기 방법

■연

an〔앙〕 남 연, 연령(~세)

année〔아네〕 여 연, 1년간, 연도

siècle〔시에클〕 남 세기, 시대

• 세기는 로마 숫자로 나타낸다.

19세기 XIXe siècle〔디즈뇌비엠 시에클〕 ([e]에 대해서는 154쪽 [서수사]를 참조)

• 서기를 표현하는 방법(2종류가 있다)

1960년 dix-neuf cent soixante〔디즈뇌프 상 수아상트〕 (두 자리씩 나눠서 표기)

2011년 deux mille onze〔되 밀 옹즈〕 (통상적으로 읽는 방법. 특히 2000년 이후는 이쪽)

■계절

saison〔세종〕 여 계절, 시즌, 제철

* quatre saisons〔카트르 세종〕 사계, fruits de saison〔프뤼 드 세종〕 계절 과일, 제철 과일

printemps〔프랭탕〕 남 봄

été〔에테〕 남 여름

automne〔오톤〕 남 가을

hiver〔이베르〕 남 겨울

■월

mois〔무아〕 남 월, 1개월

janvier〔장비에〕 남 1월

février〔페브리에〕 남 2월

mars〔마르스〕 남 3월

avril〔아브릴〕 남 4월

mai〔메〕 남 5월

juin〔쥐앵〕 남 6월

juillet〔쥐예〕 남 7월

août〔우〕〔우트〕 남 8월

septembre〔셉탕브르〕 남 9월

octobre〔옥토브르〕 남 10월

novembre〔노방브르〕 남 11월

décembre〔데상브르〕 남 12월

■주

semaine〔스멘〕 여 주, 일주일, 평일

week-end〔위켄드〕 남 주말, 위켄드
lundi〔룅디〕 남 월요일
mardi〔마르디〕 남 화요일
mercredi〔메르크르디〕 남 수요일
jeudi〔죄디〕 남 목요일
vendredi〔방드르디〕 남 금요일
samedi〔삼디〕 남 토요일
dimanche〔디망슈〕 남 일요일

■일

jour〔주르〕 남 일, 1일, 요일
matin〔마탱〕 남 아침, 오전
midi〔미디〕 남 정오
après-midi〔아프레미디〕 남 오후
soir〔수아르〕 남 저녁, 오후, 밤
nuit〔뉘〕 여 밤
miniut〔미뉘〕 남 한밤중
hier〔이에르〕 부 어제
veille〔베유〕 여 전날
aujourd'hui〔오주르뒤〕 부 오늘
demain〔드맹〕 부 내일

■시간

temps〔탕〕 남 시간, 시대
heure〔외르〕 여 시간/줄여서 'h'
minute〔미뉘트〕 여 분, 곧, 잠시/줄여서 'm', 'min', 'mn'
seconde〔스공드〕 여 초, 순간/줄여서 's'

행사

■인생의 굵직한 행사

naissance〔네상스〕 여 탄생
※ 탄생일은 anniversaire〔아니베르세르〕 또는 anniversaire de naissance.
* Bon anniversaire!(보나니베르세르!) 생일 축하해!

baptême〔바템〕 남 세례
기독교 신자가 되는 의식. 가톨릭에서는 생후 2주 이내에 세례식을 행한다.
→ dragée(108쪽)

première communion〔프르미에르 코뮈니옹〕 여 첫 영성체

부록

처음으로 성체배령식communion에 참가하는 의식. 7살 정도일 때 행한다.
mariage〔마리아주〕 남 결혼
※ 와인과 요리처럼 궁합이 좋은 것을 모아서 조합하는 것도 마리아주라고 한다.

noce〔노스〕 여 결혼식. (단수형 **noces**로) 결혼, 결혼기념일
* **gâteau de noces**〔가토 드 ~〕 웨딩 케이크.
→ **croquembouche**(107쪽)

■연중행사

프랑스에서는 전통적으로 가톨릭교도가 많아서 가톨릭(서방교회)의 교회력에 따른 축일이 생활에 깊숙이 들어와 있고, 법정휴일로도 되어 있다. 교회력은 부활절을 중심으로 하여 해에 따라서 날짜가 변동하는 이동축일과 성탄절(크리스마스)을 기점으로 하는 고정 축일, 성모와 성인의 축일(365일이 모든 성인에게 해당된다)이 있다. 대림절**avent**로 시작하여, 이하 순서로 1년의 행사가 진행된다.

◎ = 법정축일, 이 = 이동축일, 교 = 교회력에 근거한 축일

부활절 전후의 일정

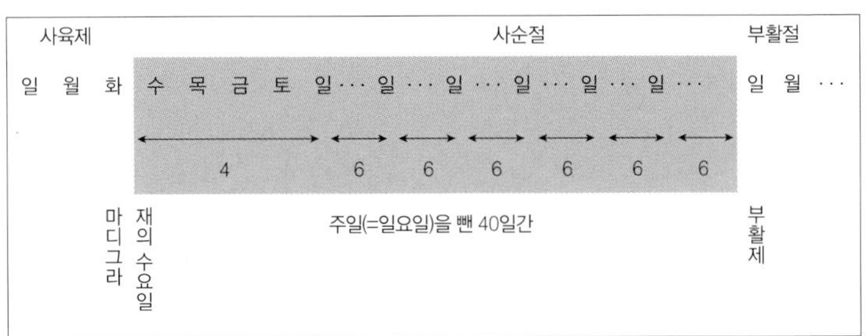

11~12월 이 **avent**〔아방〕 남 대림절, 강림절, (the) Advent(영)
예수의 강림을 기다리는 기간. 성탄절**Noël** 전날까지의 약 4주간. 11월 30일에 가장 가까운 일요일부터 시작된다. 크리스마스의 장식을 시작으로, 리스에 양초를 4개 장식하고, 일요일마다 1개씩 불을 밝혀서 축하하는 습관이 있다. 또한 아이들을 위해 1일에 1개씩 과자가 나오는 어드벤트 캘린더를 판매한다.

12월 25일 ◎ 교 **Noël**〔노엘〕 남 성탄절, 크리스마스. 예수의 탄생을 축하하는 날
* Père Noël〔페르 노엘〕 산타클로스, Joyeux Noël!〔주아이외 노엘〕 메리 크리스마스!
→ **bûche de Noël**(101쪽)

1월 1일 ◎ **jour de l'an**〔주르 드 랑〕 남 설날
※ 신년은 **nouvel an**〔누벨 앙〕.
* Bonne année !〔보나네〕 새해 복 많이 받으세요!

1월 6일 교 **Épiphanie**〔에피파니〕 여 주현절, 에피파니
성탄절**Noël**부터 12일째. 동방박사**les Rois**〔레 루아〕(삼현왕이라고도 함)가 베들레헴을 방문하여 예수의 탄생을 축복한 날. 새해 첫 일요일에 축하하는 경우가 많다.

→ galete des Rois(111쪽)

2월 2일 **교** **Chandeleur**〔샹들뢰르〕 여 그리스도 봉헌, 성모 취결례 축일
산후 40일째에 마리아가 아기 예수를 데리고 신전에 참배를 했을 때, 그리스도 탄생의 예언을 받은 시몬이라는 노인이 '이 아이야말로 사람들을 밝히는 빛이다'라고 말한 것에서 유래되어, 교회에 촛불**chandelle**〔샹델〕을 바치기 시작하여 샹들뢰르(성촉절)라는 이름이 지어졌다.
이 날에는 크레프를 만든다. 한손에 동전을 쥐고 다른 한손에는 프라이팬을 들고 구운 크레프를 공중에 띄워서 다시 원래 자리로 돌아오면 그 해는 부자가 된다는 설이 있다고 한다.
→ **crêpe**(106쪽)

2월 **이** **교** **Carnaval**〔카르나발〕 남 카니발, 사육제
사순절**carême**〔카렘〕의 재계(=고기 금식) 전에, 고기와 달걀을 사용한 음식을 실컷 먹으며 즐겼던 것이 이 축제의 유래이다. 튀긴 과자를 만드는 지역이 많다.
→ **bugne**(101쪽)

2월 중의 화요일 **이** **교** **mardi gras**〔마르디 그라〕 남 마르디 그라, 사육의 화요일 카니발**Carnaval**의 마지막 날. 카니발의 흥이 더욱 고조된다.

2~3월 **이** **교** **carême**〔카렘〕 남 사순절
재의 수요일(**mercredi des Cendres**〔메르크르디 데 상드르〕)부터 부활절 전날까지인 일요일(주일)을 뺀 40일간(재의 수요일은 부활절의 46일 전에 해당한다)을 가리킨다.
부활절**Pâques**〔파크〕의 준비기간으로, 그리스도의 황야에서 40일의 시련을 재현하여 행하는 재계기간. 단식을 하면서 고기와 달걀을 끊는다.

2월 14일 **교** **Saint-Valentin**〔생발랑탱〕 남 밸런타인데이
성 밸런타인(여러 설이 있지만 3세기경 로마 황제의 금지령을 어기고 병사들을 결혼시켜서 순교했다는 설이 있음)의 축일. 유럽에서는 절친한 사람들끼리 카드나 선물을 교환한다. 여성이 남성에게 초콜릿을 선물하는 습관은 1958년 도쿄 도내의 백화점에서 열린 밸런타인 세일로 초콜릿 업자가 캠페인을 한 것이 계기가 되어 시작되었다.

3월 하순~4월 중순 일요일 ◎ **이** **교** **Pâques**〔파크〕 여 부활절, 부활 주일. 다음 월요일이 법정휴일(**Lundi de Pâques**)
그리스도가 십자가를 짊어진 날(성금요일)부터 3일 째에 부활한 것을 축하하는 날. 봄 이후, 첫 만월이 뜬 뒤에 찾아오는 일요일에 행해진다. 부활을 상징하는 것, 생명의 상징으로 달걀 껍데기에 색을 칠하거나 그림을 그려서 교회에 봉납하고, 또는 선물로 보내고 먹는다. 한 달 전부터 과자점에서는 달걀이나 달걀을 낳는 암탉을 본뜬 초콜릿이나 마지팬을 만든다. 또한 초콜릿 등으로 만든 달걀 안에 작은 초콜릿이나 캔디를 채운 과자를 판매하는데, 그것을 정원 등에 숨긴 뒤 아이들에게 찾도록 시켜서 선물을 하는 습관도 있다. 그 밖에 토끼, 교회의 종, 어린양도 부활절을 상징하고, 그것을 본뜬 과자가 만들어지고 있다.
→ **Agneau Pascal**(97쪽), **œuf de Pâsques**(118쪽), **nids de Pâsques**(117쪽)

4월 1일 **poisson d'avril**〔푸아송 다브릴〕 남 만우절
프랑스어로는 4월의 생선이라는 뜻으로 생선은 고등어를 가리킨다. 봄이 되면 쉽게 잡히는 멍청한 물고기이기 때문이라는 말이 있다. 생선 모양으로 자른 종이를 몰래 남의 등에 붙여서 장난을 치며 즐긴다. 또는 물고기 모양의 초콜릿이나 과자를 선물하는 습관이 있다.
→ **poisson d'avril**(122쪽)

5월 1일 ◎ **fête du Travail**〔페트 뒤 트라바유〕 여 메이데이, 노동절
여성에게 은방울꽃(**muguet**〔뮈게〕 남)을 선물한다. 은방울꽃으로 장식한 과자를 만들기도 한다.
5월 8일 ◎ **fête de la Victoire**〔페트 드 라 빅투아르〕 여 제2차 세계대전 전승기념일
⇒ **victoire** 여 전승

4월 말~6월 초의 목요일 ◎ 이 교 **Ascension**〔아상시옹〕 여 예수 승천일
부활한 그리스도가 하늘로 승천한 날. 부활절**Pâsques** 후 40일째(부활절을 첫째 날로 친다) 목요일. 그 주의 일요일에 축하하기도 한다.

5~6월 중 일요일 ◎ 이 교 축일 **Pentecôte**〔팡트코트〕 여 성신강림축일, 펜테코스테. 다음 달 요일이 법정휴일
부활절**Pâsques** 후, 7번째 일요일. 열두 제자에게 성령이 하늘에서 내려와 그 성령의 힘을 얻고 포교를 시작했다는 것과 연관 지어서 그리스도 교회가 설립된 날로 지정했다. 성령을 상징하는 하얀 비둘기와 관련된 과자를 만든다.
→ **colombier**(104쪽)

7월 14일 ◎ **Quatorze Juillet**〔카토르즈 쥐예〕 남 혁명 기념일
정식으로는 ◎ **fête nationale**〔페트 나시오날〕. 파리의 축제라고도 불린다.

8월 15일 ◎ 교회력에 근거한 축일 **Assomption**〔아송프시옹〕 여 성모승천 대축일
성모마리아의 육체와 영혼이 모두 하늘로 올라갔다는 신앙에 근거하여, 그날을 기념하는 축일.

10월 31일 **Halloween**〔알로윈〕 남 핼러윈
일반적으로 프랑스에서도 **Halloween**으로 불리지만 11월 1일의 축일 **Toussaint**의 전날에 해당하므로 **veille de la Toussaint**〔베유 드 라 투생〕 여 라고도 한다. 어원은 **All Hollows evenings**(영어 : 모든 성인의 날의 전날 밤). 드루이드교의 신년 축제에서 유래한다. 이 밤은 악령이나 마물 등이 배회한다고 하여, 그들의 동료인 것처럼 가장을 해서 피해를 면하려고 했던 것이 시발점이라고 한다.
1840년대부터 아메리카 아일랜드의 가톨릭계 이민자들 사이에서 퍼졌고, 호박을 도려내어 속에 촛불을 넣어 불을 밝히고 아이들이 가장을 해서 근처 집을 돌며 **Trick or treat**(장난일까, 환대일까)을 외치며 과자를 받는 풍습이 생겼다.
가톨릭력에 있는 행사는 아니고, 프랑스에서 이날을 축하하는 풍습은 없었다. 요즘에는 미국에서 유입되어 상업적으로 행해지고 있다.

11월 1일 ◎ 교 **Toussaint**〔투생〕 여 만성절. 모든 성인을 축하하는 날

11월 11일 ◎ **fête de l'Armistice**〔페트 드 라르미스티스〕 여 제1차 세계대전 휴전 기념일
⇒ **armistice**〔아르미스티스〕 남 휴전

알파벳 색인

'지명' 이외의 모든 표제어와 그 밖에 필요하다고 생각되는 프랑스어를 골라서 abc순으로 나열하고, '프랑스어→발음→품사→기재 페이지'순으로 표기했다(품사가 여러 개인 경우 주요 품사만 표기했다. 자세히 알고 싶다면 표기한 페이지를 참조하기를 바란다).

참조해야 할 페이지 앞에 '→ OOO'라고 표기된 것은 관련어나 용례 등을 나타낸 것으로, 해당하는 프랑스어의 표제어와 항목은 화살표 뒤를 가리킨다.

더불어 명사로 단복동형(단수와 복수가 같은 형태라는 의미)의 경우는 그 표기를 생략했다.

B

C

D

E

F

G

H

I

J

K

L

M

N

O

P

Q

R

S

T

U

V

W

Y

Z

한국어 색인

우리말로 프랑스어를 찾을 수 있도록 만든 색인이다. 과자와 관련된 주요 단어만 골랐다.
주로 자주 사용되는 쉬운 말과 문장들이기 때문에 본문 사전 페이지에서의 번역과는 다를 수 있다.
프랑스 단어 중 복수의 의미와 비유가 모두 중요하다고 여겨지는 경우에는 여러 뜻을 추가하여 단어의 의미를 설명했다.
또한 명사로 복수동형(단수와 복수가 같다는 의미)의 경우에는 그 표기를 생략했다.

한국어 색인 ㄱ

ㄹ

밀가루를 뿌리다 fariner[파리네]타 ······ 021

ㅂ

ㅇ

유리잔 verre[베르]남 056

ㅈ

체리 cerise[스리즈]여 ---- 079

ㅍ

ㅎ

제과 프랑스어 사전

1판 1쇄 발행 | 2018년 9월 17일
1판 3쇄 발행 | 2023년 2월 21일

감수 츠지제과전문학교
지은이 고사카 히로미 · 야마자키 마사야
옮긴이 박지은
한국어판 프랑스어 발음 감수 이정은
펴낸이 김기옥

실용본부장 박재성
편집 실용2팀 이나리, 장윤선
마케터 이지수
판매 전략 김선주
지원 고광현, 김형식, 임민진

디자인 푸른나무디자인
인쇄 민언프린텍
제본 우성제본

펴낸곳 한스미디어(한즈미디어(주))
주소 121-839 서울시 마포구 양화로 11길 13(서교동, 강원빌딩 5층)
전화 02-707-0337 | 팩스 02-707-0198 | 홈페이지 www.hansmedia.com
출판신고번호 제 313-2003-227호 | 신고일자 2003년 6월 25일

ISBN 979-11-6007-307-2 13590

책값은 뒤표지에 있습니다.
잘못 만들어진 책은 구입하신 서점에서 교환해드립니다.